Sonja Girndt

Meine Ziegen hinterm Haus

Natürliche Ziegenhaltung für Einsteiger

Zur lachenden Ziege®

LANDLEBEN

green PRINT

Liebe Leserinnen und Leser,

wir freuen uns, dass wir Ihnen mit unserem Buch neue Inspiration liefern dürfen und hoffen, es wird Ihnen gefallen. Weitere Leseabenteuer mit verbriefter Fachinformation finden Sie auf **www.cadmos.de**
Wenn Sie mit uns in Verbindung treten oder Ihre Erfahrungen teilen wollen, dann tun Sie das bitte unter:

https://www.facebook.com/cadmosverlag
https://www.instagram.com/cadmosverlag
oder per Mail an info@cadmos.de

Wir freuen uns schon jetzt über Ihr Feedback!

ISBN: 978-3-8404-1538-8, 1. Auflage 2024

Deutsche Nationalbibliothek – CIP-Einheitsaufnahme

Die Deutsche Nationalbibliothek verzeichnet diese Publikation in der Deutschen Nationalbibliografie; detaillierte bibliografische Daten sind im Internet über http://dnb.ddb.de abrufbar.

Viel Freude mit diesem Buch wünscht Ihnen Ihr CADMOS-Team:

Autorin: Sonja Girndt

Covergestaltung, grafisches Konzept, Satz: Gerlinde Gröll

Lektorat: Ing. Barbara P. Meister MA, FachLektor.at

Korrektorat: Gertrud Döffinger, MA

Fotos am Umschlag: Melanie Grande (Cover), Sonja Trosky (Rückseite)
Illustrationen: Shutterstock/Light-Dew.

Wir übernehmen Verantwortung:

Dieses Buch wurde anhand ausgewählter Qualitätskriterien ressourcenschonend und schadstofffrei in Cadmos Qualität für Sie hergestellt. Das verwendete Papier für Kern und Cover ist FSC®-zertifiziert, der Druck erfolgte CO_2-neutral.

Der Inhalt ist auf Magno matt 135 g/m² mit 1,01 Volumen für Sie gedruckt, ein matt gestrichenes Bilderdruckpapier, das die Farben leuchten lässt und dem Inhalt einen hochwertigen Charakter verleiht.

Das Cover wurde auf Peyvida puro 270 g/m² gedruckt, einem Naturkarton mit ansprechender Optik und Haptik. Auf Laminierung und Einschweißen in Plastikfolie verzichten wir – für unsere Umwelt und unsere Zukunft.

Gedruckt und gebunden wurde dieses Buch in der EU (wir wollen lange Transportwege vermeiden), bei unserem langjährigen, bewährten Druckpartner GRASPO (www.graspo.com).

FSC www.fsc.org
MIX
Papier | Fördert gute Waldnutzung
Paper | Supporting responsible forestry
FSC® C010798

Product footprint
CO_2 Neutral
PBN-CFMC-059235
www.preferredbynature.org

Uns ist wichtig:

Gender-Erklärung: Alle Geschlechter sollen sich gleichermaßen wahrgenommen und wertgeschätzt fühlen. Im Sinne eines flüssigen Lesevergnügens verzichten wir jedoch auf die Verwendung von geschlechterspezifischen Sprachformen (m/w/d). Sämtliche Personenbezeichnungen gelten gleichermaßen für alle Geschlechter!

Wer sich grün macht, den fressen die Ziegen.

Johann Wolfgang von Goethe

Carmen hinter der Kiwi versteckt. Ziegen fressen gerne Blätter, auch von Kiwi

Foto © Sonja Trosky

INHALT

INHALT

Ziegen, die uns vertrauen, nehmen überall gerne eine Massage entgegen.

Foto © Sonja Trosky

VORWORT

Schon mein ganzes Leben begleitet mich die Liebe zu Tieren. Aufgewachsen mit Schafen, Hunden, Katzen und Pferden machen nun die 2009 angeschafften Ziegen meinen Traum von der eigenen Tierhaltung ebenso komplett wie den Wunsch, frische Milch zu leckeren und gesunden Produkten zu verarbeiten. Meine Oma hatte früher auch eine Ziege. Jedes Jahr bekam diese Lämmer, die geschlachtet wurden. Mit dem Wissen von heute finde ich die Einzelhaltung traurig, da sich eine einzelne Ziege sehr einsam fühlt, auch wenn sie einige Zeit mit ihren Lämmern verbringen konnte. Und es war für mich klar, dass ich es anders handhaben wollte als meine Oma. Ich kaufte mir meine erste Ziege Uschi, und da sich Ziegen nur in Gesellschaft ihresgleichen wohlfühlen, erwarb ich aus einem anderen Betrieb zur gleichen Zeit einen Bock. Da wir züchten wollten, sollten die zwei nicht aus derselben Zucht kommen.

Als Kind zunächst spielerisch, später mit vollem Bewusstsein habe ich aus den Verhaltensweisen der Tiere gelernt. Welche Bedürfnisse haben sie? Wann geht es ihnen so richtig gut? Wann fehlt ihnen etwas? Mein Lernen durch Beobachten und Interagieren wurde ergänzt durch meine langjährige Tätigkeit bei einem Tierarzt. Dass das Tierwohl oberste Priorität hat, versteht sich von selbst. Um dieses sicherzustellen, bedarf es bei der Ziegenhaltung im Haupt- oder Nebenerwerb in Deutschland eines Sachkundenachweises.

Grundregeln hinsichtlich der Ernährung, des Platzangebots in Stall und Außengehege, der „Beschäftigungs- und Spielmöglichkeiten" sowie der Fress- und Schlafplätze müssen zwingend eingehalten werden.

Internet und einschlägige Literatur geben gute Auskünfte. Wenn Sie als zukünftiger Ziegenhalter bei allen Anforderungen noch eine Wohlfühlschippe drauflegen, können Sie sicher sein, dass sich Ihre kleinen Wiederkäuer richtig umsorgt fühlen. Und eine glückliche Ziege spiegelt es dem Menschen, sodass auch er glücklich ist. In diesem Sinne freue ich mich, Ihnen meine Erfahrungen und Tipps & Tricks weitergeben zu können. Da es bereits eine Vielzahl wertvoller Sachbücher über Ziegenhaltung gibt, sollen im vorliegenden Ratgeber zwar ebenfalls wichtige Fakten dargelegt werden, aber nicht nur. Mir geht es besonders darum, charakteristische Wesenszüge der Ziegen und deren Wirkweisen auf den Menschen zu beleuchten. Bilder sowie kleine Anekdoten ermöglichen einen unmittelbaren Zugang zu den Tieren.

Mein Ziel ist es, Ihnen bei einer möglichen Anschaffung von Ziegen Entscheidungshilfen zu geben.

Sonja Girndt

ZIEGENRASSEN

Die Hausziege gehört zur Gattung der Ziegen. In der Familie der Hornträger wird sie den Wiederkäuern und Paarhufern untergeordnet. Zu ihren engsten Verwandten zählen der Steinbock und die Wildziege. Seit ihrer Domestizierung vor etwa achttausend Jahren ist sie eines der ältesten Nutztiere des Menschen. Weltweit gibt es etwa 200 Hausziegenrassen. Gehalten werden sie wegen ihrer Milch, ihrem Fleisch, ihrem Haar und ihrem Leder. Auch in der Landschaftspflege und als Lastentier werden sie geschätzt. Je nach Einsatz und Verwendung gibt es große Unterschiede. Einige der bekannteren Rassen möchte ich hier beschreiben und ihre Besonderheiten hervorheben.

Weiße Deutsche Edelziege

Es handelt sich hierbei um eine großrahmige Milchziege. Wie der Name schon sagt, ist sie immer reinweiß, mit kurzhaarigem Fell. Es ist möglich, dass dunkle Pigmentflecken an der Nase, den Ohren und am Euter auftreten. Die Ziegen können bis zu 90 cm groß werden. Gemeint ist die Höhe, gemessen vom Boden bis zur Schulter. Die Böcke können sogar bis zu 100 cm groß werden bei einem Gewicht von bis zu 100 kg. Diese Rasse ist sehr fruchtbar, frühreif

Weiße Deutsche Edelziege Foto © Sonja Trosky

und hat eine saisonale Brunst [mehr dazu im Kapitel „Bock, Ziege, Lamm"]. Sie bekommt im Durchschnitt statistisch 1,8 bis 2 Lämmer, die sie hervorragend mit Milch versorgt, da es sich hierbei um eine Milchziege handelt, die mit einer Jahresleistung von 900 bis 1.500 kg Milch überaus geschätzt ist. Die Weiße Deutsche Edelziege wurde bis 1928 auch als Saanenziege bezeichnet. Doch ging sie aus heimischen weißen Ziegen hervor und wurde durch die Schweizer Saanenziegen veredelt. Sie ist oft hornlos, aber auch gehörnt ist sie keine Seltenheit mehr. In vielen Ländern ist sie als hochproduktive Milchziege anzutreffen. Dem Menschen gegenüber ist sie aufgeschlossen und zugewandt. Mit Geduld und Einfühlungsvermögen werden die großen Weißen zutraulich.

Saanenziege Foto © Sonja Trosky

Saanenziege

Auch Schweizer Saanenziege genannt. Sie stammt aus dem Saanenland und dem Obersimmental im Kanton Bern in der Schweiz. Sie ist reinweiß und hat ein kurzes glattes Fell. Diese Rasse ist auf der ganzen Welt bekannt. Viele Hochleistungsmilchziegen wären ohne das Einkreuzen der Saanenziege nicht das geworden, was sie heute sind, nämlich Milchziegen. Bei hohen Futter- und Haltungsansprüchen gibt sie im Jahr bis zu 1.500 kg Milch, bei einem Eigengewicht von ca. 50 kg. Die Böcke werden bis zu 90 cm groß, vom Boden bis zur Schulter gemessen. Sie können bis zu 75 kg schwer werden.

Heute gibt es diese Rasse auch mit Hörnern, da die Versuche, zur Hornlosigkeit zu züchten, zu Anomalien geführt hat. Die Saanenziege ist eine sehr kontaktfreudige und äußerst friedfertige Ziege mit wenig ausgeprägtem Herdentrieb.

Toggenburger Ziege

Eine kräftig gebaute, mittelgroße Schweizer Ziegenrasse, die ausgesprochen robust ist. Man sagt, sie habe verglichen mit anderen Rassen den gesündesten Körperbau, deshalb ist sie als Zuchtziege weit über die Grenzen der Schweiz bekannt. In Obertoggenburg im Kanton St. Gallen in der Ostschweiz liegt ihr Stammzuchtgebiet.

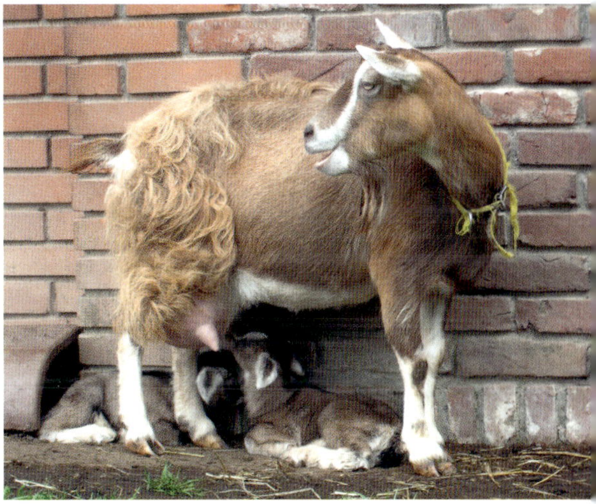

Toggenburger Ziege Foto © Sonja Girndt

An den Beinen, Ohren und am Kopf besitzen alle Toggenburger weiße Abzeichen. Sie sind meist hornlos und tragen fast alle einen kräftigen Bart. Die Grundfarbe ist Hellbraun bis Mausgrau, das Haar ist glatt, kurz bis mittellang. An der Brust und an den Flanken ist das Fell dieser Rasse typisch länger und heller als am übrigen Körper. Die weiblichen Tiere werden bis zu 80 cm groß, vom Boden bis zur Schulter gemessen, und wiegen 45 kg. Die männlichen Tiere sind bis zu 85 cm groß und können bis zu 65 kg schwer werden. Die Toggenburger Ziege ist sehr zutraulich, lebhaft und neugierig. Auch mit anderen Tieren (z. B. Pferden, Hunden) hat sie keine Berührungsängste. Sie ist eine anspruchslose Ziegenrasse. Bei artgerechter Haltung gut geeignet für Einsteiger, die sich mit Milch selbst versorgen möchten.

Anglo-Nubier-Ziege Foto © Shutterstock/photomaster

Anglo-Nubier-Ziege

Eine Ziegenrasse mit Ramsnase und lang herabhängenden Ohren. Der Großteil dieser Rasse besitzt keine Hörner. Das Fell ist kurz und glatt. Anzutreffen sind Anglo Nubier in allen Farben, das heißt, sie können schwarz, braun, grau, weiß, beige bis hin zu gescheckt oder sogar gepunktet sein. Vom Boden bis zur Schulter gemessen wird ein Bock dieser Rasse bis zu 100 cm groß und kann bis 110 kg schwer werden. Die weibliche Ziege hat eine saisonale Brunst, sie wird also von September bis Februar alle 21 Tage regelmäßig für fünf Tage bockig. Meist bekommt sie zwei Lämmer. Sie gilt als Zweinutzungsrasse, was bedeutet, dass sie eine gute Milch- und Fleischleistung erbringt. Das Besondere: Ihre Milchinhaltsstoffe, wie Fett und Eiweiß, sind im Vergleich zu der Milch anderer Ziegenrassen wesentlich höher. Deshalb der sahnige Geschmack. Diese Rasse zeichnet sich durch ihre Gutmütigkeit aus, ist überaus intelligent und menschenbezogen. Die Anglo-Nubier-Ziege stammt aus Großbritannien, wo sie bis heute sehr beliebt ist.

Burenziege

Sie ist eine große Fleischziege, die aus Südafrika stammt. Seit den 1970er-Jahren ist diese Rasse auch in Deutschland bekannt. Die Burenziege hat eine Ramsnase, lang herabhängende Ohren und nach hinten geschwungene Hörner. Ihr Fell ist kurz und glatt, am Körper weiß, besitzt aber am Kopf immer die für diese Rasse typische schwarzbraune bis rotbraune Färbung. Am Kopf sind Zeichnungen wie Blässe, Stern oder Flecken zugelassen. Doch auch ein einfarbiger, rotbrauner Farbschlag ist in den verschiedenen Zuchtverbänden mittlerweile erlaubt. Ein Bock dieser Rasse kann bis zu 100 kg wiegen und ist dabei 90 cm groß, vom Boden bis zur Schulter gemessen. Der Zyklus ist asaisonal [mehr dazu im Kapitel „Bock, Ziege, Lamm"]. Bei besten Muttereigenschaften bekommen die Ziegen im Durchschnitt statistisch 1,8 bis 2 Lämmer. Sie tragen fünf Monate. In zwei Jahren können drei Lammungen vorkommen, was auch gewünscht ist. Die Burenziege hat einen ruhigen Charakter, wird sehr zutraulich, ist langlebig und robust. Sie wird oft in der Landschaftspflege eingesetzt, denn sie hat eine große Vorliebe für Buschwerk, das sie bis zu 1,8 m abfressen kann. Ein sanfter Riese mit großartigen Charakterzügen.

Burenziege Foto © Sonja Trosky

Angora- oder Mohairziege Foto © Shutterstock/Janice Adlam

Angoraziege

Die Angoraziege ist eine weiße Wollziege mit seidigem, lockig lang herabhängendem Haar. Sie wird bis zu zweimal im Jahr geschoren. Ihre Wolle kennt man unter der Bezeichnung Mohair, die zu feinen Stoffen und Decken verarbeitet wird, aber auch für die Herstellung von Teppichen findet sie Verwendung. Die Rasse stammt ursprünglich aus der Türkei aus der Provinz Ankara. Von dort wurde sie in viele Kontinente exportiert, wo sich viele große Zuchtgebiete entwickelt haben. Die Böcke bekommen imposante nach hinten und außen gedrehte Hörner, die weiblichen Ziegen haben sichelförmige kurze Hörner. Es ist eine kleine Rasse, die in erster Linie wegen ihrer Wolle gehalten wird. Sie ist nicht sehr fruchtbar und bekommt meist erst im Alter von zwei Jahren das erste Lamm. Mehrlingsgeburten sind bei dieser Rasse eher selten, die Lämmer sind klein und empfindlich, sodass sich die Aufzucht daher deutlich schwieriger gestaltet als bei anderen Ziegenrassen.

Zwergziege Foto © Sonja Trosky

Zwergziege

Die Zwergziege ist sehr verbreitet, es gibt sie in allen Farbschlägen, gescheckt und auch gepunktet ist sie anzutreffen. Die Zwergziege ist eine kleine, kurzbeinige, aber stämmige Rasse. Die Verzwergung ist von Natur aus eine gute Anpassung an schlechte Umweltbedingungen, in der kleine Tiere im Vergleich zu großen eine bessere Überlebenschance haben, da sie weniger Futter benötigen. So hat die Zwergziege in vielen Völkern eine große Bedeutung für die Ernährung der Menschen bekommen. In Europa wird sie für die Fleischgewinnung nicht mehr gezüchtet. Sie ist stark verbreitet in afrikanischen und asiatischen Ländern. Es ist eine geeignete Rasse für die Hobbyhaltung, da sie ein freundliches Naturell besitzt. Die Ziegen sind anspruchslos, jedoch darf der Zaun keine Schwachstellen aufweisen, da sie sehr aktiv sind und als wendige Kletterkünstler ständig nach neuen Herausforderungen suchen.

WORAN SOLLTE

MAN DENKEN?

Foto © Janine Hegendorf

Friedlich und zufrieden grasende Ziegen. Foto © Sonja Trosky

Trägt man sich mit dem Gedanken, Ziegen anzuschaffen, kommen viele Fragen auf. Ich wähle bewusst den Plural „Ziegen", da sie Herdentiere sind und die Anschaffung einer einzelnen Ziege überhaupt nicht zur Diskussion stehen darf.

Ist man sich diesbezüglich im Klaren, so kann im nächsten Schritt darüber nachgedacht werden, welche Ziegenrasse die richtige wäre, ob Bock oder Ziege, mit oder ohne Hörner, wie viel Weidefläche zur Verfügung stehen muss, welche Größe der Stall mindestens haben muss, wie viel Zeit und auch Kosten für die tägliche Versorgung eingeplant werden sollten und für welchen Zweck man Ziegen halten möchte.
In diese Überlegungen mit einbezogen werden müssten auch die Nachbarn. Da Ziegen sehr laut sein können, wenn sie auf Futter warten oder bockig sind, könnte die Geräuschkulisse ein Ärgernis für die Nachbarschaft darstellen. Böcke haben die Angewohnheit, saisonal extrem nach Urin zu stinken.

Mein Vorteil ist: Ich habe keine unmittelbaren Nachbarn.

Davon ausgehend, dass viele Ziegenfans einen derartigen Background nicht haben, ist es mir ein Bedürfnis, allen zukünftigen Ziegenbesitzern aufzuzeigen und wärmstens ans Herz zu legen, was für ein glückliches Miteinander wichtig ist – sowohl zwischen den Tieren als auch zwischen Mensch und Tier. Welche Voraussetzungen müssen geschaffen werden, um den Bedürfnissen der Ziegen gerecht zu werden und dass man guten Gewissens von einer artgerechten Haltung sprechen kann? So ist es selbstverständlich, dass in Abhängigkeit von Anzahl und Größe der Tiere auch die erforderlichen Abmessungen an Weidegröße und Stallfläche anzupassen sind. Die Basics, wie der Aufbau des Stalls oder die Bedingungen für die Weide, sind – unabhängig von der Größe der Herde – identisch.

Aus meiner langjährigen Erfahrung mit Ziegen möchte ich im Folgenden Entscheidungshilfen sowie wertvolle Tipps geben. Unerfahrene Ziegenfreunde will ich vor falschen Erwartungen und Einschätzungen oder gar Enttäuschungen schützen. Schlussendlich geht es um nichts Geringeres als um das Wohl der Ziegen, was uns Ziegenfans so sehr am Herzen liegt.

Stall

Anders als bei Schafen, die ohne Stall ganzjährig draußen gehalten werden können, benötigen die meisten Ziegenrassen sehr wohl einen Stall. In Abhängigkeit von der Rasse gibt es Ziegen, die mehr oder weniger empfindlich auf Nässe und Kälte reagieren. Aber auch weniger empfindlichen Rassen sollte die Gelegenheit eingeräumt werden, sich bei Regen zumindest unterstellen zu können. Meine Ziegen, die ich selbst als kleine Mimosen bezeichne, würden sich sogar in einen Schuhkarton quetschen, um nicht nass zu werden. So schnell kann ich gar nicht schauen, wie sie leicht empört meckernd schnurstracks den Stall aufsuchen, sobald die ersten Regentropfen vom Himmel fallen. Nur wenn sich nach längeren Regenphasen diverse Pfützen vor der Stalltür gebildet haben, werden kleinere Umwege missbilligend in Kauf genommen. Nasse Füße zu bekommen scheint ihnen noch unangenehmer zu sein als ein nasses Fell. Übrigens ... Schutz vor Sonne ist wichtig, denn auch Ziegen können einen Sonnenbrand bekommen.

Nun aber zum eigentlichen Thema, dem Stall. Es ist ein großer Vorteil, wenn bereits ein altes Gebäude, eine Scheune oder ein Schuppen, vorhanden ist, was als Basis für einen Stall verwendet werden kann. Gibt es so ein Gebäude nicht oder es gibt dazu keine angrenzenden Weidemöglichkeiten, muss die Neuerrichtung eines Stalls sorgfältig überlegt werden.

Damit auf jeden Fall ein praktischer und sicherer Ziegenstall entsteht, sollte genau geplant werden. Alle Vor- und Nachteile sowie die baubehördlichen Vorschriften sind zu beachten, vorgeschriebene Anträge müssen zeitgerecht gestellt werden. Ist weder ein passendes Gebäude vorhanden noch der Wunsch, einen Stall von Grund auf neu zu bauen, sollte man sich erkundigen, ob eine Ziegenhaltung im eigenen Garten erlaubt und möglich ist. Je nach Größe des Gartens könnte eine Weidehütte mit Rädern das Mittel der Stallwahl sein.

Auch im Stall möchten Ziegen alles mitbekommen. Foto © Sonja Trosky

Hier ein Beispiel für eine Weidehütte. Die Ziegen finden darin Schutz vor Regen und Schatten vor der prallen Sonne. Foto © Sonja Trosky

Diese hat den Vorteil, dass sie wegen der vorhandenen Räder kein festes Bauwerk darstellt und somit nicht genehmigungspflichtig ist. Zu bedenken ist dabei aber, dass der Boden durch den Mist in einem Anhänger schnell verrotten kann. Dadurch entstehen hier immer wieder regelmäßige Kosten, die man bei allem berücksichtigen sollte. Die zuständigen Kammern und Ministerien geben bezüglich Vorschriften und Gesetzen gern kompetente Auskunft.

Tatsächlich sind für bauliche Überlegungen, Planungen und Entscheidungen die folgenden Fragen die entscheidenden: „Wie viele Tiere möchte ich halten?" „Ist der Wunsch geweckt, nur zu züchten? Oder auch, die Ziegen zu melken?" In jedem Fall sollte der Stall groß genug sein, damit sich alle Ziegen aus dem Weg gehen können. Für Ziegen ohne Hörner ist ein Platzbedarf von 2 m^2 pro Tier erforderlich, für gehörnte 3 m^2. Die Raumhöhe sollte mindestens 2,5 m betragen, damit der erforderliche Luftraum von 3 bis 4 m^3 pro Tier gewährleistet ist. Besonders wichtig ist ein großes Fenster, damit genug natürliches Tageslicht sowie ausreichend Luft in den Stall kommen. Stroh sollte den gesamten Boden bedecken. Für die weitere Innenausstattung des Stalls empfiehlt sich beispielsweise eine stabile Holzkiste, auf der die Ziegen stehen und bei Bedarf gut liegen können. Die Kiste kann mitten im Stall auf dem Boden platziert werden. Sie fungiert einerseits als Raumteiler, aber auch als Liegefläche oder Sportgerät. Im Übrigen eignet sich eine derartige Kiste hervorragend, den Ziegen eine Wellnessbehandlung zuteilwerden zu lassen. Dazu springen sie, eine nach der anderen, auf die Kiste und lassen sich von mir zum Beispiel mit Bürsten verschiedener Härtegrade striegeln. Dabei werden Stellen, an denen es besonders angenehm ist, immer wieder in den Fokus gerückt. Ich bin oftmals überrascht, wie lang ein Ziegenhals sein kann. Aber nicht nur die Vierbeiner genießen dieses Miteinander. Auch ich finde es schön zu erfahren, wie sehr mir die Tiere vertrauen. Ergänzend zu den Wellnessbehandlungen empfiehlt es sich, einige große Bürsten aus Naturborsten an den Wänden je nach Größe der Ziegen in Bauchhöhe der Ziegen zu befestigen. Somit haben sie jederzeit die Möglichkeit, sich zu schubbern und zu kratzen.

Was sich als weiteres Interieur sehr bewährt hat, sind Liegebretter aus Holz. Ähnlich einem Regalbrett werden sie in einer Höhe von 60 cm an der Wand befestigt. Diese schätzungsweise 1,5 m^2 großen Holzflächen bieten den Vorteil, dass sich Ziegen, falls ihnen danach ist, auch einmal von der Herde absondern können. Ebenfalls bietet der so geschaffene Raum unterhalb des Liegebretts einen idealen Rückzugsort.

Mit diesen Eckpunkten sind schon die wichtigsten Voraussetzungen für einen ziegengerechten Stall geschaffen. Aus meiner Erfahrung heraus möchte ich noch Folgendes dringend empfehlen: Da es manchmal notwendig ist, einzelne Tiere von der Herde vorübergehend zu separieren, habe ich ein zusätzliches, verschließbares „Appartement" innerhalb des Stalls geschaffen. Im Fall einer akut auftretenden Erkrankung oder wenn eine junge Ziege zum ersten Mal gelammt hat und sich erst noch an die Mutterrolle gewöhnen muss, findet sie dort Unterschlupf. So eine Möglichkeit ist unschätzbar hilfreich. Die separierte Ziege ist für sich, doch kann sie alle anderen sehen. Für sauberes Trinkwasser ist im Stall stets zu sorgen. Werden

Blick in den Stall. Auf der rechten Seite ein Podest, auf dem die Ziegen liegen oder stehen können. Am Ende des Stalles wurde ein Brett an die Wand montiert. Entweder, sie halten sich darauf auf oder finden unter dem Brett ein tolles Plätzchen. Foto © Sonja Trosky

Das ist eine Heuraufe, in die die Ziegen ihren Kopf stecken, um ans Futter zu gelangen. Foto © Sonja Trosky

mit Wasser gefüllte Eimer verwendet, muss man diese mehrmals täglich kontrollieren, bei Bedarf auffüllen. Als Alternative zum preiswerten Trinkeimer gibt es etwas kostenintensivere Selbsttränken in verschiedenen Ausführungen. Achten Sie darauf, dass das Tränkebecken sich tatsächlich immer wieder selbst mit Wasser füllt. Ebenfalls muss den Ziegen rund um die Uhr frisches Heu zur Verfügung stehen. Ist die Stallfläche groß genug, kann inmitten des Stalls eine Raufe gestellt werden, aus der sich die Ziegen von allen Seiten bedienen können. Heu, das durch heftiges Rupfen auf dem Boden

landet, wird von wählerischen Ziegen nicht mehr gefressen. Außerdem ist unter diesen Umständen das Befüllen der Raufe gar nicht so einfach. Sich mit gefüllter Schubkarre oder vollen Heugabeln einen Weg durch die Herde zu bahnen, kann dann zu einer echten Herausforderung werden.

Deutlich angenehmer finde ich die Möglichkeit, unbehelligt von den Ziegen die Heuvorräte aufzufrischen. Und das kann nur geschehen, sofern man die Futterbacks von außerhalb des eigentlichen Stalls befüllen kann. Daher wird die Längsseite meines Stalls in regelmäßigen Abständen von Holzbohlen gesäumt.

Sie sind so geformt, dass die Ziegen lediglich ihren Kopf hindurchstecken können. Jenseits der Holzbohlen, also auf der anderen, von mir begehbaren Seite, befinden sich in Reihe die mit Heu zu füllenden Backs aus Ton. Das Ganze muss man sich wie eine Art Futtergasse vorstellen. Wir haben Backs aus Ton. Stein oder Holz wären weitere mögliche Werkstoffe.

Übrigens: Sämtliche Baumaterialen, die für die Ausgestaltung des Stalls verwendet werden, sollten unbehandelt sein. Ziegen neigen dazu, alles anzuknabbern. Aber keine Angst, sie fressen ihren Stall nicht auf.

Weide

Hat man selbst eine Weide oder kann man in der Nähe eine Weide pachten? Schön wäre es, wenn die Weide nicht an einer viel befahrenen Straße beziehungsweise auch nicht zu weit vom eigenen Wohnhaus entfernt liegt und man somit die Weide mit seinen Tieren im Blick hat.

An erster Stelle sollte eine sichere Einzäunung stehen. Es gibt viele Möglichkeiten der Umsetzung. Im Handel werden sogenannte Schafzäune oder Wildzäune als Knotengeflecht aus Metall angeboten. Weil Ziegen sehr neugierig sind und das Gras auf der anderen Seite immer besser schmeckt, würden sie immer versuchen, den Kopf irgendwie durch den Zaun zu stecken.

Und da liegt der Nachteil bei eben diesen Zäunen, denn wenn die Ziegen, die Hörner haben, ihren Kopf durch die Maschen stecken, bleiben sie beim Zurückziehen hängen oder verletzen sich. Die Kletterleidenschaft der Ziegen führt auch dazu, dass sie die Maschen beschädigen, somit die Lebensdauer des Zauns stark verkürzt wird und gegebenenfalls Schlupflöcher entstehen. Daher empfiehlt es sich, auf der Weideseite zwei Elektrodrähte zu spannen, die sich in Knie- und Schulter-

Auch am Holzzaun läuft ein stromführender Weidedraht entlang. So hält man die Ziegen sicherer in der Wiese, da sie vor Elektrozäunen Respekt haben.

Fotos © Sonja Trosky

höhe einer erwachsenen Ziege befinden. Von den mobilen Schafsnetzen, die komplett unter Strom stehen, ist abzuraten, da sich die Ziegen darin verheddern und durch die Stromschläge jämmerlich verenden können.

Kostspieligere Zäune aus Holz sehen schön aus und sind praktisch, bedürfen aber ebenfalls zusätzlicher Elektrobänder. Die Anforderung an die Zaunhöhe ist abhängig von der Ziegenrasse. Eine große Burenziege springt erstaunlicherweise nicht so hoch wie eine Zwergziege. Eine Milchziege kann hingegen sehr wohl recht hoch springen.

Unterstand

Im Sommer ist besonders auf Schatten zu achten. Ein Unterstand erfüllt diesen Zweck und schützt vor Regen. Einen kleinen Viehanhänger, der als Unterstand dient, ist zu empfehlen, wenn die Herde nicht zu groß ist. Auf der Weide stehende Bäume sind ebenfalls wunderbare Schattenspender. Es ist allerdings zu bedenken, dass Ziegen nicht nur die Rinde, sondern alles in für sie erreichbarer Nähe abknabbern, das heißt auch Äste. Daher gibt es verschiedene Möglichkeiten, zumindest die Baumstämme zu schützen.

Bild oben: In solch einer größeren Weidehütte finden viele Ziegen Platz.

Bild links: Eine alte Kartoffelkiste dient als Schattenspender aber auch zum Schutz vor Regen auf der Wiese. In diesem „Mini-Unterstand" kommen natürlich nur zwei bis drei Ziegen zur gleichen Zeit unter.

Fotos © Sonja Trosky

Die Wiese muss unbedingt frei von schädlichen oder gar giftigen Pflanzen sein (mehr dazu im Kapitel „Giftige Pflanzen"). Wünschenswert ist eine schöne Mischwiese, auf der verschiedene Kräuter wachsen. Brennnesseln sind im Übrigen äußerst willkommen. Ziegen fressen sie gern gemäht, aber auch als frische Pflanze direkt vom Stängel.

Eine Zinkwanne eignet sich hervorragend zur Wasserversorgung. Es versteht sich von selbst, dass auch auf der Weide immer ausreichend frisches Trinkwasser bereitstehen muss.

Liegt die Wiese an einem von Spaziergängern frequentierten Weg, sollte dringend darauf geachtet werden, dass die Ziegen nicht von außen gefüttert werden. Die falsch verstandene Tierliebe führt nicht selten dazu, dass Tiere erkranken oder schlimmstenfalls sterben.

Sachkundenachweis

Grundsätzlich kann in Deutschland und Österreich jede Person Ziegen halten. In der Schweiz wird erwartet, dass sich ein Ziegenbesitzer mit den Tieren auskennt, dazu ist ein Praktikum in einem Ziegenbetrieb ist ein passender Anfang. Möchte man sich mehr als zehn Ziegen anschaffen, braucht man in der Schweiz einen Sachkundenachweis. Das Basiswissen, das ein Sachkundenachweis über Ziegenhaltung bietet, sollte für alle verpflichtend sein, die sich diese Tiere anschaffen wollen. Man erfährt in Sachkunde-Kursen alles Wichtige über Haltung, Fütterung und Krankheiten. Informieren Sie sich vor dem Start Ihres Ziegen-Projektes genauestens über regionale gesetzliche Vorschriften in ihrem Bundesland. Nach dem Tierschutzgesetz müssen die Tiere art- und bedürfnisgerecht gehalten werden.

Bild 1: Der 2 Meter hohe Baumschutz aus Dachlatten und Estrichgittern hat sich bei uns sehr bewährt.
Bild 2: Diese Konstruktion nicht effektiv, da sich die Ziegen mit den Vorderbeinen auf der Oberkante abstützen, um dann die Blätter oberhalb abzurasieren.
Bild 3: Einfach und schnell sind vier Paletten miteinander verbunden. Der Abstand zum Baumstamm ist hier weit genug, um Ziegen von der leckeren Rinde fernzuhalten.
Bild 4: Ziegen brauchen viel Platz. Die Weideflächen sollten groß genug sein, damit sie nicht nur auf einer „Stelle" stehen und hin und her wechseln können. Fotos © Sonja Trosky

Kennzeichnung und Meldepflicht

Wer Ziegen hält, muss sie melden – in Deutschland bei der sogenannten HIT Datenbank der Landwirtschaftskammer. Die Abkürzung HIT steht für das „Herkunftssicherungs- und Informationssystem für Tiere". Der Ziegenhalter erhält dort seine Betriebsnummer, unter der er jährlich den aktuellen Tierbestand mitteilen muss. Laut Tierverkehrsordnung müssen Ziegen gekennzeichnet sein, wenn sie den Hof verlassen.

Tiere, die bis zum ersten Lebensjahr geschlachtet werden, bekommen eine weiße Nummer. Sie dient zum Schutz des Verbrauchers, damit nachverfolgt werden kann, woher ein Tier kommt. Ziegen, die älter als ein Jahr werden, bekommen in jedes Ohr eine gelbe Nummer. Wichtig ist, dass die Nummern klein sind, damit die Ziegen nirgendwo hängen bleiben und sie sich die Marken nicht herausreißen. Sind die Ohrmarken zu groß, können durch Hängenbleiben an Ästen oder Zäunen Verletzungen und schlimme Wunden entstehen. Da jeder Ziegenhalter bei der Landwirtschaftskammer registriert ist, ist über die Ohrmarke eine eindeutige Identifizierung gewährleistet. Ebenso sind die Tiere bei der Tierseuchenkasse zu melden. Auch von dieser wird der Ziegenhalter aufgefordert, jährlich den aktuellen Tierbestand anzugeben. Sollte es zum Ausbruch einer Seuche kommen, können Leistungen aus der Tierseuchenkasse in Anspruch genommen werden. Im Jahr 2008 bis 2009 wurden zum Beispiel alle Wiederkäuer gegen das Blauzungenvirus (BIV 8) geimpft, was durch die Seuchenkasse übernommen wurde.

Im deutschsprachigen Ausland gelten ähnliche Bedingungen für die Haltung von Ziegen wie in Deutschland selbst. Allerdings kann gesagt werden, dass die deutschen Regelungen im Vergleich zu den österreichischen und schweizerischen in ihrer Komplexität zunehmen. Die bürokratischen Verwaltungsakte dienen hauptsächlich der Eindämmung von Krankheiten im inländischen Tierbestand. Um effektiv gegen eine Epidemie vorgehen zu können, ist es unverzichtbar, die Anzahl und den Haltungsort der bedrohten Tierart zu kennen.

Die österreichische Verordnung des Bundesministers für Gesundheit über die Kennzeichnung von Schweinen, Schafen, Ziegen und Equiden sowie die Registrierung von Tierhaltungen (Tierkennzeichnungs- und Registrierungsverordnung 2009; TKZVO 2009) regeln, dass Ziegen grundsätzlich mit einer Doppelkennzeichnung in Form von Ohrmarken, Fesselbändern oder einem elektronischen Transponder gekennzeichnet sein müssen. Die Kennzeichnungen werden von den zuständigen Ohrmarkenvergabestellen ausgegeben und müssen nach dem Abgang, ob zur Schlachtung oder aufgrund natürlichen Ablebens des Tiers, zurückgegeben werden. Diese Institutionen, die meist in Zuchtverbänden organisiert sind, sind mindestens einmal in jedem Bundesland vertreten und dienen auch als Ansprechpartner für Fragen rund um die Zucht von Ziegen. Grundsätzlich gilt, dass Ziegen spätestens sechs Monate nach ihrer Geburt angemeldet werden müssen.

Das österreichische Veterinärinformationssystem VIS erhebt zusätzlich die Anzahl aller sich im Land befindlichen Schafe und Ziegen. Die Registrierung muss mit der Kennzeichnungsnummer erfolgen und ist für jeden Halter einer Ziege verpflichtend.

In der Schweiz müssen innerhalb von 30 Tagen die Tiere in der Tierverkehrsdatenbank (TVD) gemeldet werden und sie werden dauerhaft mit zwei Ohrmarken gekennzeichnet. Der Betrieb, in dem die Geburt stattfindet, erhält dafür sogar CHF 4,50 (Stand 2023). Bei Verbringungen eines Tiers wird ein Begleitdokument ausgestellt, das vom neuen Halter mindestens drei Jahre lang aufbewahrt werden muss. Sämtliche Zu- und Abgänge müssen innerhalb von drei Tagen der TVD mitgeteilt werden. Der Halter ist verpflichtet, ein Tierverzeichnis zu führen, in dem die Anzahl der Tiere mit Ohrmarkennummer und Geschlecht vermerkt ist.

In der Schweiz sind Haus-/Hoftötungen seit 2020 erlaubt.

Kleine Lämmer in Aktion. Wer ist am schnellsten?

Fotos © Sonja Trosky

Versicherung

Eine Haftpflichtversicherung bieten die meisten Versicherer zwar für Hunde und Pferde an, für Ziegen aber wird so etwas bisher nicht bereitgestellt. Bevor man Ziegen kauft, sollte das Thema Versicherung unmissverständlich geklärt sein. Unsere Ziegen sind beispielsweise über unsere Betriebshaftpflicht abgesichert. Doch als privater Ziegenhalter haftet man für alle Schäden, die durch die Ziegen verursacht werden. Als Fluchttiere sind Ziegen schnell mal alle gemeinsam auf Tour, ohne dass es einen „Auslöser" gibt und aus Gründen, die man nie erwartet hätte. Schnell können bei ihren Ausflügen Schäden mit immensen Kosten entstehen. Nicht auszudenken, wenn dann auch noch Menschen verletzt werden. Jeder, der Ziegen hält, sollte sich bei seiner privaten Haftpflichtversicherung erkundigen, ob sie kleine Weidetiere mit absichert. Ist die entsprechende Versicherung abgeschlossen, kann man sich entspannt seiner erworbenen Ziegen erfreuen.

Anschaffung

Die Anschaffung von Tieren ist ein komplexes und emotional geprägtes Thema. Es sollte vermieden werden, Kaufentscheidungen aus dem Bauch heraus zu treffen. So schön es ist, sich im Internet Tiere anzuschauen, so trügerisch kann es auch sein. Vor jedem Erwerb empfehle ich, vor Ort zu überprüfen, wie die Tiere gehalten werden. Liegt das Interesse bei Zwergziegen, so bieten Tierparks oder Zoos eine Anlaufstelle. In seltenen Fällen sogar Tierheime. Milchziegen würde ich bei einem Züchter oder in einem Milchviehbetrieb kaufen. In allen Fällen ist es elementar wichtig, dass sich die Tiere in einem guten gesundheitlichen Zustand befinden. Nachweise über das Nichtvorhandensein von Krankhei-

Ein Nickerchen in der Sonne. Foto © Sonja Trosky

ten, wie CAE oder Pseudotuberkulose, sollten vom Vorbesitzer erbracht werden. Auf beide Krankheiten gehe ich im Kapitel „Krankheiten" noch ein.
Auch muss darüber nachgedacht werden, ob junge oder ältere Tiere angeschafft werden sollen. Bei aller Leichtigkeit, verspielte und niedliche Ziegenkinder ins Herz zu schließen, muss doch bedacht werden, dass Ziegen durchaus 15 Jahre alt werden können. Jeder zukünftige Ziegenbesitzer muss sich seiner Verantwortung bewusst sein. Das bedeutet auch, dass im Fall einer eigenen Erkrankung oder eines anderweitigen Ausfalls sichergestellt sein muss, dass die Tiere bestens versorgt werden. Ich habe das große Glück, dass ich mich im Notfall auf Freunde und einen Teil meiner Familie verlassen kann. Das gibt mir ein gutes Gefühl.

Spielen

Ziegen sind soziale Wesen. Sie sind intelligent, gesellig, verspielt, ausgestattet mit einem außerordentlichen Bewegungsdrang und einer großen Neugier. Insbesondere junge Ziegen lieben es, mit Gleichaltrigen über die Wiese zu hüpfen und Fangen zu spielen. Baumstämme und große Steine bilden eine willkommene Abwechslung, um kurz auszuscheren und auf ihnen herumzuspringen, dann aber sofort das (Fangen-)Spiel erneut aufzunehmen. Mich wundert es immer wieder,

Es macht Freude, wenn man überall rauf kann. Foto © Sonja Trosky

wie agil, schnell und trittsicher die kleinen, mitunter erst wenige Tage alten Ziegenkinder sind. Offensichtlich liegt es in ihrer Natur. Nur so können sie in der freien Wildbahn überleben.

Neugeborene müssen, nachdem sie von der Mutter trocken geleckt wurden, schnellstmöglich auf die Beine kommen, um im Ernstfall vor Feinden fliehen zu können.

Ich denke, die Fähigkeit, unfallfrei auf allem und jedem herumzuklettern – meine Person eingeschlossen –, liegt ihnen im Blut.

Was die Kletterkünste im Allgemeinen betrifft, bietet das beste Vorbild die Natur. Es ist unglaublich, auf welch steinigem und bergigem Terrain sich die frei lebenden Verwandten meiner Ziegen behaupten können. Würden wir als Menschen derartige Wanderungen wagen, wäre der Schwierigkeitsgrad mit mindestens drei Wanderstiefeln deklariert.

Um dem Bewegungsdrang von Ziegen in der Gefangenschaft gerecht zu werden, ist es elementar wichtig, dass sie auf ein möglichst naturbelassenes und abwechslungsreiches Kletter- und Spielzeugangebot zurückgreifen können. Im Einzelnen bedeutet das, dass verschieden große Baumstämme sowie diverse Holzkonstruktionen auf einem adäquaten Grundstück zur Verfügung gestellt werden sollten. Darüber hinaus eignen sich große Findlinge hervorragend dazu, die motorischen Fähigkeiten durch stetiges Bekraxeln auszubilden. Ein positiver Begleiteffekt ist, dass sich dabei auch noch die Klauen der Ziegen auf natürliche Weise etwas abnutzen und optimal geformt werden.

Es sollte immer darauf geachtet werden, dass natürliche Baustoffe verwendet werden. Da die kleinen Wiederkäuer dazu neigen, alles anzuknabbern, gehören Plastik oder behandeltes Holz definitiv nicht in eine Ziegenwiese.

Als Ziegenhalter kann man den Tieren eine große Freude bereiten, indem man einen „Hindernisparcours" anlegt. Wippen trainieren den Gleichgewichtssinn ebenso wie Hängematten oder Schaukeln aus Holz. Neben den Findlingen bieten sich zum Abwetzen der Klauen auch Betonröhren an.

So geht das mit der Wippe. Ziegen sind schlau! Fotos © Sonja Trosky

Fangenspielen auf einem kleinen Baumstamm. Es ist wichtig, dass Ziegenkinder viel Abwechslung haben.

Wichtig zu wissen: Es sollten verschiedene Höhen bedient werden. Bei der Planung der Spielwiese gilt es aber auch zu bedenken, dass die einzelnen Ebenen nicht so konzipiert sind, dass die Ziegen die Gelegenheit haben, das Grundstück zu verlassen. Alles schon vorgekommen.

Ist der Spielplatz erst einmal erschaffen, kann man sich entspannt zurücklehnen und dem bunten Treiben zusehen. Man wird feststellen, dass sich mit jeder gebotenen Ziegenvorstellung die Mühen mehr als gelohnt haben. Insbesondere, wenn Lämmer ihre Welt entdecken und wie Flummis über das Areal hüpfen, kann man sich kein schöneres Schauspiel vorstellen.

Obwohl – eigentlich bleibt es nicht beim entspannten Zurücklehnen. Den Aufforderungen von den kleinen Ziegen, in irgendeiner Form am Spiel teilzunehmen, kann man ebenso wenig widerstehen wie dem Anstupsen der erwachsenen Ziegen, die auf ihre Streicheleinheiten bestehen.

Auf welche Angebote der Ziegen man sich auch immer einlässt, es ist Entspannung pur und immer wieder schön!

Auf der Wippe macht es zu zweit noch mehr Spaß. Fotos © Sonja Trosky

ZIEGENPFLEGE

In der freien Wildbahn lebende Ziegen werden keine Probleme mit ihren Klauen, dem Fell oder den Hörnern haben. Nur kranke oder anderweitig geschwächte Ziegen, bei denen die Klauen krumm wachsen oder das Fell seinen Zweck nicht erfüllt, werden in der Natur nicht lange überleben, wodurch eine natürliche Auslese erfolgt.

Prinzipiell haben sich Ziegen der Natur so gut angepasst, dass alles bestens funktioniert. Sie sind perfekt ausgerüstet, um täglich lange Strecken auf vornehmlich steinigem und rauem Untergrund im Gebirge zurückzulegen.

Mit der Domestizierung sind die Ziegen auf menschliche Hilfe angewiesen. Somit sieht das Leben einer Ziege in Gefangenschaft etwas anders aus. Selbst bei bestmöglicher Haltungsform im Stall und auf großen Weideflächen kann der natürliche Lebensraum nur ansatzweise nachgeahmt werden, und mit ihm die diversen Möglichkeiten der naturgegebenen Fell- und Klauenpflege.

Klauenpflege

Die ursprüngliche Heimat der Ziegen ist das Gebirge. Dort werden die Klauen ständig stark abgenutzt. Dieser natürlichen Umgebung steht die domestizierte Haltung gegenüber. Haben die Ziegen viel Bewegung und laufen nicht nur auf weichen Untergründen, wie auf der Wiese oder im Stroh, nutzen sich die permanent nachwachsenden Klauen wunschgemäß etwas mehr ab. Ist dies nicht der Fall und werden die Klauen nicht so sehr beansprucht, wachsen sie zu schnell nach, was zur Folge hat, dass die Hornwand der Klauen Missbildungen annimmt. Der sogenannte stabile Trittrand wird anfangen, sich unter der Lauffläche zusammenzurollen. Das Horn der Seitenwand wächst über die Sohle hinaus und biegt sich nach innen oder außen.

Dadurch wird das Körpergewicht der Ziege falsch auf Ballen und Sohle verlagert. Es kann zu Fehlstellungen oder Sehnen- und Bänderschäden kommen. Das Tier bekommt Schmerzen und ist in seiner Beweglichkeit stark eingeschränkt. Zwar haben Ziegen im Vergleich zu anderen Tieren weniger häufig Klauenentzündungen, dennoch kann sich in den Hohlräumen der Klauen Unrat sammeln, der vermodert und die Klauen letzten Endes angreift.

Dadurch aufkeimende Entzündungen können von der Klaue über den gesamten Fuß bis hin zum Knie aufsteigen. Zudem ist besorgniserregend, dass die entstehenden Bakterien ebenfalls die Klauen der anderen Herdenmitglieder infizieren können. Folgerichtig müssen die Klauen regelmäßig kontrolliert und gegebenenfalls bearbeitet werden. Nicht zuletzt vor dem Hintergrund, dass innerhalb der Klaue unterhalb des Horns, besser gesagt auf der gut durchbluteten Lauffläche, das sogenannte Leben sitzt, das zuständig für den Tastsinn und der daraus resultierenden Trittsicherheit ist.

Deshalb rate ich, die Klauen mindestens alle vier Monate und bei den Lämmern spätestens ab der zwölften Woche regelmäßig zu kontrollieren und gegebenenfalls zu schneiden. Dieser Turnus ist ein fester Bestandteil der Ziegenhaltung.

Wer die Klauen seiner Tiere regelmäßig pflegt, hat am Ende viel weniger Arbeit. Bei der Klauenpflege kommt es darauf an, die natürliche Form zu erhalten. Für Ungeübte ist es einfacher, die Klauen seiner Ziegen zu schneiden, wenn sich diese zuvor eine Zeit lang auf der Weide aufgehalten haben. Das Gras hat meistens eine gewisse Feuchtigkeit, die dafür sorgt, dass das Horn recht weich wird. Ist der Boden sehr trocken oder haben die Ziegen einige Zeit im Stall verbracht, hat das Horn die Eigenschaften von Hartplastik und ist demzufolge schwieriger zu bearbeiten.

Werkzeug für die Pediküre

Zum Schneiden der Klauen kann eine scharfe Rosenschere sowie ein ebenso scharfes, kurzes Messer verwendet werden. Professionelle Klauenscheren und Klauenmesser können selbstverständlich auch im Handel erworben werden. Mit der Klauenschere kann das zu lang gewordene Horn abgetrennt werden, während mit dem Messer Dreckreste sowie kleine Steine, die sich im Horn festgesetzt haben, entfernt werden. Da eine Ziege während der Pediküre mitunter nicht stillhält, muss vorsichtig gearbeitet

Eine Klaue, die etwas Korrektur benötigt, damit die Ziege wieder gerade steht …

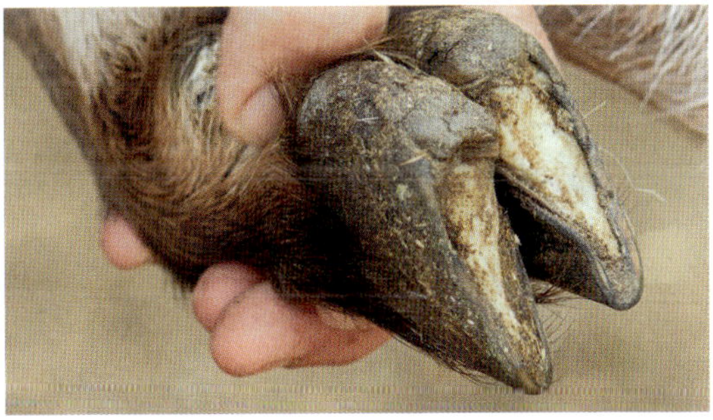

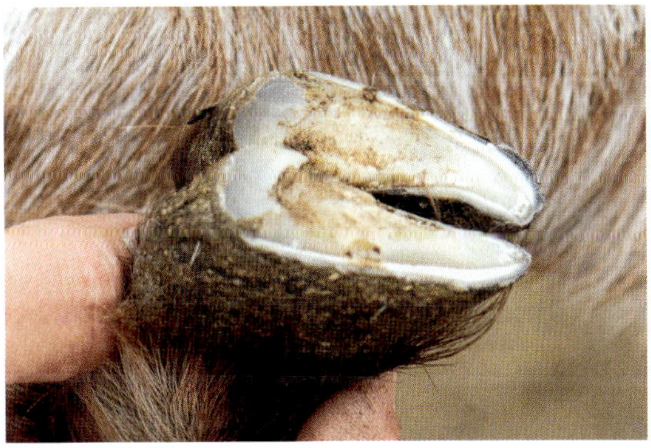

… und so sollte es dann aussehen. Fotos © Sonja Trosky

Klauenmesser, Klauenschere und Klauenzange

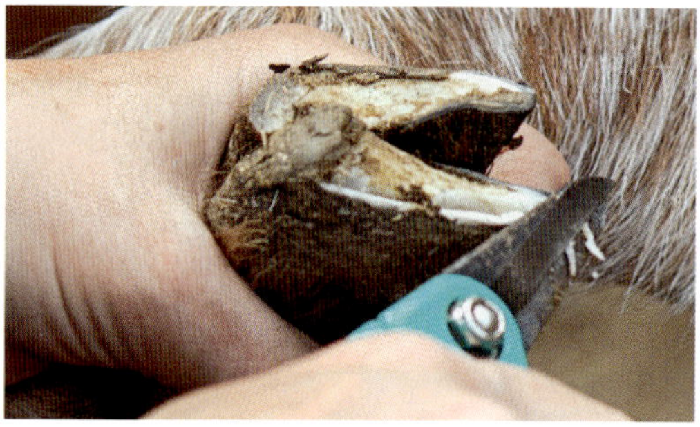

Mit der Klauenschere kann man die Ränder gut entfernen. Fotos © Sonja Trosky

werden, um Verletzungen zu vermeiden. Sollte es dennoch zu kleinen Blutungen kommen, muss die Stelle desinfiziert werden. Das sogenannte Blauspray, das zum Desinfizieren von Wunden bei Tieren oft eingesetzt wird, ist fester Bestandteil der Stallapotheke. Was sich bei meiner Pferdehaltung sehr bewährt hat, ist die Verwendung von Buchen- oder Eichenteer. Der stinkt zwar fürchterlich und ist kaum abzuwaschen, doch er verschließt jede kleine Verletzung zuverlässig, schützt die Klaue vor Feuchtigkeit und wirkt antiseptisch.

Wurde aus Versehen etwas tiefer geschnitten, muss die Klaue verbunden werden. Vorher ausreichend desinfizieren und Watte zum Abpolstern einsetzen. Anschließend am besten mit einem elastischen Klebeverband versorgen. Aber Vorsicht, der angelegte Verband darf nicht so stramm sein, dass die Durchblutung nicht mehr gewährleistet ist und das Bein abgeschnürt wird.

Hilfreiche Tipps zur Durchführung

Es ist leicht, ein Schaf auf seinen Po zu setzen und ihm dann die Klauen zu schneiden. Ganz anders verhält es sich bei Ziegen. Abgesehen davon, dass eine Ziege am Popo nicht so gut gepolstert ist wie ein wolliges Schaf, gerät sie in Sitzlage schnell in Stress, hyperventiliert und kann schlimmstenfalls ohnmächtig werden. Darum sollte man sie niemals setzen. Stattdessen stelle ich meine Mädels auf ein ca. 60 cm hohes Podest. Für sie ist es angenehmer und ich kann bequem stehen und rückenschonend arbeiten. Alternativ kann ich die Pediküre auch auf dem Boden kniend verrichten.

Einige Ziegen sind sehr kooperativ. Sie geben ihre Klauen wie ein gut erzogenes Pferd seine Hufe und warten geduldig ab. Andere sind zappelig, und insbesondere die Jungtiere veranstalten ein richtiges Rodeo, wollen sich drehen, treten oder legen sich hin. Wichtig: In der Ruhe liegt die Kraft! Mit Hektik und Stress geht gar nichts mehr. Somit nehmen wir uns an einem Tag, an dem nichts anderes mehr ansteht, die nötige Zeit, und die Erfolgsquote einer schnellen Bearbeitung steigt rasant. Bei den erfahrenen Ziegendamen schaffe ich die Pediküre allein, nur in einigen wenigen Fällen benötige ich Hilfe. Auf keinen Fall sollten Ziegen einfach nur angebunden werden, denn so erzeugt man noch mehr Gegenwehr. Es reicht aus, wenn sie von einer weiteren Person gut festgehalten wird. Das zu behandelnde Bein muss immer auf natürliche Weise nach hinten angewinkelt werden. Eine Überdehnung der Muskulatur und des Sehnenapparats wird auf diese Art vermieden, und bei ruckartigen Bewegungen des Tiers wird es vor Zerrungen geschützt. Es gibt Ziegen, die sich nie daran gewöhnen wollen. Zum Glück aber auch diejenigen, mit denen alles wunderbar einfach vonstattengeht. Jede hat eben ihren eigenen Charakter, und das muss man akzeptieren.

Aber eines ist allen gemeinsam: Sie sind fröhlich und zufrieden mit ihren frisch pedikürten Füßen.

Körperpflege

Wie bereits im Abschnitt Stall erwähnt, habe ich an der Stallwand einige große Bürsten befestigt, an denen sich die Ziegen reiben und schubbern können. Doch für eine vertrauensvolle Bindung zwischen den Ziegen und mir sorgt das persönliche Striegeln. Meine Ziegen lieben es. Sie sind es von klein auf gewöhnt und stehen buchstäblich Schlange. Ich benutze Bürsten mit Naturborsten und verschiedenen Härtegraden. Für Kopf, Bauch und Beine eine weichere, für Hals und Rücken darf eine kräftigere verwendet werden. Das Bürsten regt nicht nur die Durchblutung an, sondern ist auch beim Fellwechsel hilfreich. Bei langhaarigen Ziegen schützt regelmäßiges Bürsten vor Verfilzen des Fells. Für den Fall, dass trotz intensiver Pflege dennoch etwas Fell verfilzt, ist es ratsam, die betroffene Stelle herauszuschneiden. Somit wird Plagegeistern, wie Haarlingen, Milben und anderen Ektoparasiten, die Lebensgrundlage entzogen. Wie gesagt, Bürsten ist auch wunderschön für die Bindung. Mit der Zeit lernt man die Ziegen zu verstehen und weiß, was sie sich wünschen und welche Körperteile sie verstärkt gebürstet haben möchten. Das Aussehen der Ziegen sagt viel über ihr Wohlbefinden aus. Ein glänzendes, glattes und nicht struppiges Fell ist immer ein positives Zeichen.

Da Ziegen sehr gern auf einem trockenen und weichen Lager liegen, muss der Stall regelmäßig gemistet und mit reichlich sauberem Stroh eingestreut werden. Nicht nur, dass sich Ziegen in einem sauberen Stall wohler fühlen, er bewirkt auch, dass das Fell nicht so verdreckt und somit bereits etwas für die Fellpflege getan wird.

Während für die Fellpflege verschiedene Bürsten zum Einsatz kommen, müssen für die Pflege der Hörner Büsche oder Bäume herhalten, die den Ziegen in ausreichendem Umfang zur Verfügung gestellt werden sollten, damit sie sich hingebungsvoll daran ihre Hörner reiben und abwetzen können. Die jungen Ziegen befreien auf diese Weise ihre kleinen Hörner von Partikeln, die sich bereits gelöst haben. Unsere Oberziege Line reibt ihre Höner sogar an der Stallmauer und schleift sie regelrecht ab.

In trockenen Sommern können die Hörner zusätzlich mit Kokosöl oder einem anderen Pflanzenöl eingefettet werden. Kokosöl hat den Vorteil, etwas dickflüssiger zu sein, und lässt sich zudem besser verreiben.

Lines Hörner weisen abgeschliffene Stellen auf. Sie reibt sie gerne an der Hauswand. Foto © Sonja Trosky

Foto © hedgehog94/Shutterstock.com

KRANKHEITEN

Das Thema Krankheiten ist sicherlich kein beliebtes, gehört aber mit zum Ziegenalltag. Zum Glück ist nicht jede Unpässlichkeit sofort eine Krankheit. Auch bei Ziegen gibt es vorübergehende Zustände des Unwohlseins, die sich meist von allein legen. Vor allen Dingen ist es wichtig, dass ich als Ziegenhalter meine Tiere gut kenne. Das setzt „Zeit mit den Ziegen verbringen" und „regelmäßiges Beobachten" voraus. Wie verhalten sie sich untereinander? Wie verhalten sie sich mir gegenüber? Liegt eine abseits und möchte nicht aufstehen? Kennt man seine Tiere, ist dies ein Riesenvorteil, da man schnell bemerkt, wenn eine Ziege mal nicht so fit ist.

In diesem Kapitel gehe ich nicht nur auf die wichtigsten Krankheiten ein, sondern auch auf die jeweiligen Möglichkeiten der Vorbeugung und Heilung.

Bei jedem Tier sollte man auch auf die Zähne achten, da es für die Futterverwertung eine wichtige Rolle spielt, dass diese einwandfrei funktionieren. An den Schneidezähnen kann man bis zum vierten Lebensjahr das Alter ziemlich genau bestimmen. Bei einer älteren Ziege ist das schwieriger, da die Zähne mit der Zeit unterschiedlich abnutzen. Verantwortlich hierfür sind das Futter, die Beschaffenheit des Zahnschmelzes sowie gute oder eher schlechte Lebensbedingungen.

Bei der Geburt hat ein Ziegenlamm schon 32 Zähne, nach etwa einem Monat kommen zwei Schneidezähne dazu. Vorn im Oberkiefer haben alle Wiederkäuer nur eine Kauplatte, keine Schneidezähne. Die vorderen Milchzähne werden bis zum dritten Lebensjahr alle durch neue ersetzt. Somit hat ein gesundes vollständiges Gebiss 34 Zähne.

Backenzähne besitzen Ziegen oben wie unten. Sie sind für das Zermahlen der Nahrung zuständig. Kommt eine Ziege in die Jahre, sollte man auf fehlende Zähne achten, da sie mit zu großen Zahnlücken das Futter nicht mehr richtig aufschließen kann. Somit ist bei älteren Ziegen ein besonderes Augenmerk auf den Ernährungszustand zu legen. Wird die Ziege dünner, sollte man sie erlösen, bevor sie verhungert. Die Augen sind klar und glänzend, das Fell ist glatt und schimmert im Licht. Das Gebiss ist relativ sauber und es sollten keine Zähne fehlen. Bei älteren Ziegen sollte man auf fehlende Zähne achten, um eine problemlose Ernährung sicherzustellen.

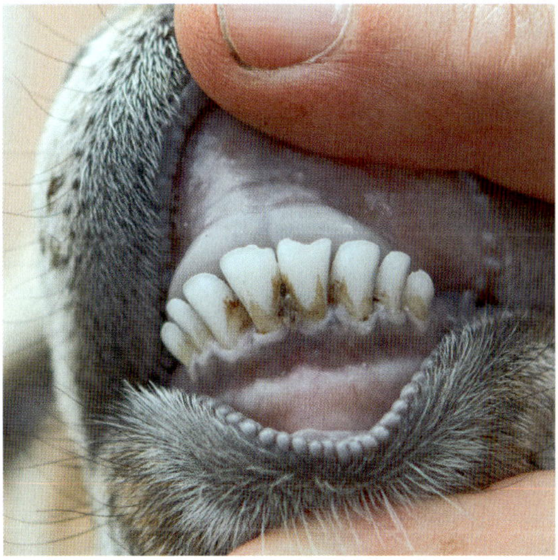

Unten sind die Schneidezähne und oben die Kauplatte gut zu erkennen. Foto © Sonja Trosky

Werte einer gesunden erwachsenen Ziege:

Temperatur: 38,2–39,5 °C

Puls: 70–90 Schläge pro Minute

Atmung in der Ruhe:
15–30 Atemzüge pro Minute

Außenparasiten

Wird eine Ziege von lästigen Außenparasiten befallen, so ist es meist von Herbst bis ins Frühjahr der Fall. Oft handelt es sich um Haarlinge, die starken Juckreiz verursachen. Das Fell wird struppig und sieht matt aus.

Vorbeugung und Behandlung:

Beim Tierarzt gibt es eine Tinktur, die man den Ziegen über den Rücken, vom Nacken bis zum Schwänzchen, aufträgt. Mit einer Behandlung haben die Ziegen meist schon Ruhe vor den lästigen Plagegeistern.

Zum Beispiel Zecken

Mittlerweile sind Zecken überall anzutreffen und befallen vorwiegend Weidetiere. Sie können Krankheitserreger übertragen und sogar zu Blutarmut führen.

Zecken auf dem Ohr einer Ziege.

Vorbeugung und Behandlung:

Einen wirklich sicheren Schutz gibt es nicht. Wichtig ist, die Tiere täglich nach Zecken abzusuchen, diese dann zu entfernen, die Stelle zu desinfizieren und ein paar Tage im Auge zu behalten. Dann ist man auf der sicheren Seite und bemerkt, wenn sich die Haut an der Stelle verändert.

Innenparasiten

Hat eine Ziege Durchfall und keinen Appetit, kann das auf einen Parasitenbefall hindeuten. Auch mattes Fell, Zähneknirschen, ein dicker Kopf bis hin zum taumelnden Gang können Anzeichen für einen Wurmbefall sein. Ein Ziegenverlust geht zum Großteil auf das Konto von derartigen Schmarotzern. Leider können viele verschiedene Wurmarten die kleinen Wiederkäuer besiedeln.

Vorbeugung und Behandlung:

Ältere Ziegen entwickeln eine Immunität gegen einige Wurmarten, was aber nicht heißen soll, dass sie nicht mehr entwurmt werden müssen. Da Jungtiere sehr anfällig sind, infizieren sie sich manchmal schon durch einen Stallwechsel oder schlechte Ernährung. Auch durch ein gestörtes Allgemeinbefinden oder zu wenig Weidewechsel können starke Verwurmungen begünstigt werden. Abraten möchte ich davon, allen Ziegen „prophylaktisch" eine regelmäßige Wurmkur zu verabreichen. Es gibt wenige Mittel, die noch wirken, da viele Würmer resistent sind. Also erst mal Kotproben zur Untersuchung beim Tierarzt abgeben, sodass man genau weiß, ob überhaupt Handlungsbedarf besteht und wenn ja, gegen welche Würmer gezielt entwurmt werden muss. Tipp: einen Einmalhandschuh anziehen, frischen Kot aufnehmen, Handschuh auf links ziehen, zuknoten und zum Tierarzt bringen. Auch Hundekottüten sind geeignet. Bei einem guten Management kann jeder Ziegenhalter seine Tiere vor starkem Parasitenbefall schützen. Eine bestmögliche Stallhygiene bedeutet, dass die Tiere nicht in ihren Hinterlassenschaften liegen.

Ziegen sollte man grundsätzlich erst auf die Wiese lassen, wenn der Morgentau getrocknet ist. Dann haben sich viele Parasiten bereits Richtung Erdreich verzogen und sitzen nicht mehr auf den Gräsern, die von den Ziegen gezupft und verspeist werden.

TIPP Dazugekaufte Tiere erst untersuchen und gegebenenfalls entwurmen.

Achtung!

Feuchte Wiesen und Wasserlöcher lieber nicht beweiden. An Gewässerrändern sind häufig Zwergschlammschnecken zu finden, die die Larven des Leberegels übertragen. Die Leberegel wiederum befallen die Leber der Wiederkäuer und schädigen sie so sehr, dass sie sogar daran sterben. Man bemerkt den Befall zumeist erst, wenn es zu spät ist.

Kräuter, wie zum Beispiel Brennnessel, Schnittlauch, Sanddorn, Schwarzkümmel, um nur einige zu nennen, sollten von Zeit zu Zeit über ein paar Tage hinweg ins Futter gemischt werden. Kürbiskerne sind ein ähnlich wertvoller Zusatz. Ihre Wirkstoffe und die der Kräuter werden von Innenparasiten nicht gemocht, und so hält man die Tiere gesund. Knoblauch ist auch hervorragend, sollte aber nicht über vier Gramm pro Kilogramm Körpergewicht gegeben werden. Die Wirksamkeit der Futtergemüsepflanze Esparsette zur Parasitenabwehr wurde mit ausgezeichneten Ergebnissen erforscht. Im Internet findet man ausreichend Informationen zu diesem Thema.

Brucellose

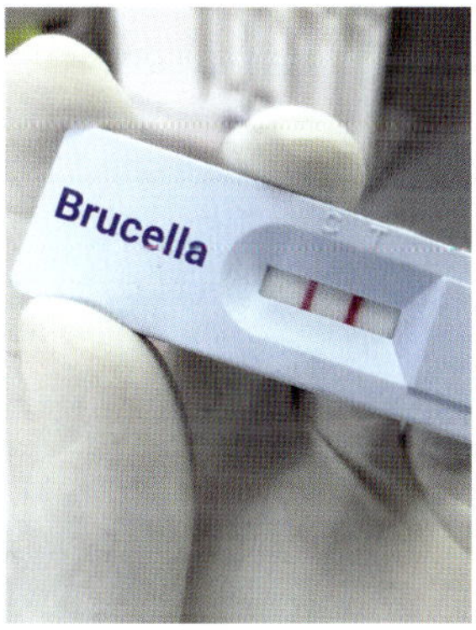

Foto © Saiful52/Shutterstock.com

Die Brucellose ist bei Ziegen eine anzeigepflichtige Tierseuche. Kranke, doch äußerlich gesund erscheinende Tiere können im dritten bis fünften Trächtigkeitsmonat ihre Lämmer verlieren. Manchmal treten Schwellungen am Euter, bei den Böcken am Hoden auf. Eine Ansteckung ist über die Milch und auch über infiziertes Futter, besonders aber durch andere Tierarten möglich. Die Krankheit wird durch eine Blutuntersuchung nachgewiesen und ist meldepflichtig.

Vorbeugung und Behandlung:

Der Erreger kann durch Kontakt zu infizierten Tieren und/oder den Genuss von Milch und Fleisch kranker Tiere auf den Menschen übertragen werden. Brucellose ist eine Zoonose. Hauptwirt Ziege. Eine rasche Diagnose durch einen Tierarzt ist wichtig für gute Heilungsaussichten.

Beim Menschen verursacht der Erreger das gefährliche Maltafieber. Bis zu drei Wochen nach der Infektion kommt es zu unregelmäßig hohem Fieber, Kopf- und Gliederschmerzen sowie Mattigkeit.

CAE-Viruserkrankung

CAE ist die Abkürzung für Caprine Arthritis-Enzephalitis. Mit CAE verseuchte Tiere zeigen sehr unterschiedliche Krankheitsanzeichen. Oft leiden Ziegen unter geschwollenen Karpal-, Knie- und Hüftgelenken, schmerzhaften Verdickungen der Gelenkkapseln, zunehmender Bewegungsunfähigkeit bis zum Festliegen, Vergrößerung der Lymphknoten, Verhärtungen im Eutergewebe und zurückgehender Milchleistung. Trotz gutem Appetit magern die Tiere immer mehr ab. Zur Erkrankung kommt es erst im Alter von vier Monaten, manchmal sogar erst Jahre nach der Infektion. Befallene Tiere müssen nicht

An CAE erkrankte Ziegen magern unter anderem stark ab. Foto © Linas T/Shutterstock.com

zwingend selbst erkranken, doch stecken sie andere Ziegen an. Das Virus wird über die Milch und von Tier zu Tier übertragen. Eine Behandlung ist bei positiv getesteten Ziegen nicht mehr möglich.

Vorbeugung und Behandlung:

In Deutschland und Österreich sind leider keine Maßnahmen vorgeschrieben. In der Schweiz konnte das CAE-Virus durch ein langjähriges Bekämpfungsprogramm bei Ziegen erfolgreich ausgerottet werden. Seit Ende 2018 ist die Schweizer Ziegenpopulation CAE-frei. Ein Impfstoff gegen die Krankheit existiert nicht. Da CAE in der Schweiz den Status einer zu bekämpfende Tierseuche hat, sind Ziegenhalter dort dazu verpflichtet, Verdachtsfälle den Bestandstierärzten zu melden.

Im eigenen Interesse sollte jeder verantwortliche Ziegenhalter seine Tiere untersuchen lassen. Im ersten Jahr werden alle vier Monate vom Tierarzt Blutproben in ein Labor geschickt. Danach erfolgt jedes Jahr nur eine Blutuntersuchung. Sind die Blutproben negativ, hat man einen „CAE-unverdächtigen" Bestand. Das Eine Infektion lässt für die Ziegen leider keine gute Prognose erwarten.

Akute Mastitis

Eine akute Mastitis, auch Euterentzündung genannt, tritt innerhalb kurzer Zeit ohne jegliche Vorzeichen auf und nimmt leider oft einen schweren Verlauf. Die Ziege stellt ihre Haare auf, zittert und hat schnell hohes Fieber. Es ist möglich, dass im Anfangsstadium noch nichts von einer Euterentzündung zu bemerken ist. Doch innerhalb weniger Stunden ist das Euter stark gerötet, es kommt zu schmerzhaften Schwellungen. In diesem Stadium ist die Milch meist blutig und eitrig. In schweren Fällen hört die Milchbildung komplett auf. Sehr häufig ist nur eine Euterhälfte entzündet. Es kann zu Blutvergiftung und im schlimmsten Fall zu Euterbrand kommen.

Vorbeugung und Behandlung:

Eine tierärztliche Behandlung sollte rasch und umgehend eingeleitet werden, um dem Tier Schmerzen zu ersparen. Es ist ratsam, das Euter öfter auszumelken. Hygiene ist jetzt sehr wichtig, um nicht andere Tiere zu infizieren.

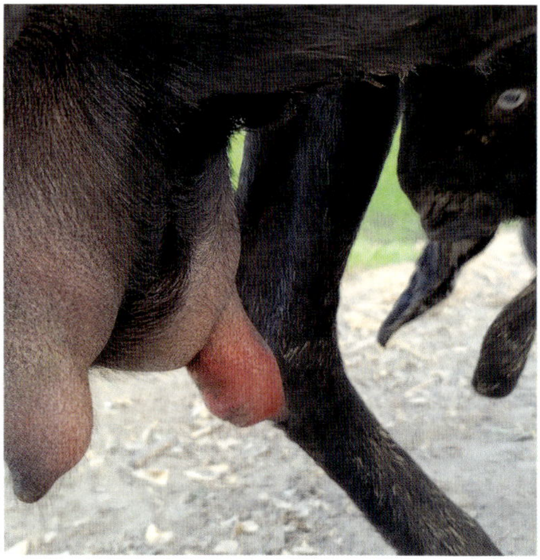

Bei einer Mastitis auffallend rote Zitze.

Foto © Jrs Jahangeer/Shutterstock.com

Grippe

Wie bei uns Menschen können sich auch Ziegen das ganze Jahr hindurch mit dem Grippevirus infizieren. Es kommt zu Nasenausfluss, Niesen, Husten, Fieber und matten Augen. In besonders heftigen Fällen kann eine Lungenentzündung hinzukommen, die zum Verlust der Ziege führen kann.

Vorbeugung und Behandlung:

Im Stall muss stets auf ein ideales Stallklima geachtet werden. Frische Luft, jedoch keine Zugluft. Sauberes und trockenes Stroh fördern ebenfalls ein gesundes Stallklima. Bei schönem und trockenem Wetter ist Auslauf sehr wichtig. Sorgen Sie für eine gute Versorgung mit Vitaminen und hochwertigem Futter.

Ich biete meinen Ziegen auch Fenchel-Salbei-Tee an. In der kalten Jahreszeit trinken sie gern etwas Warmes. Sobald ein Tier Grippesymptome zeigt und Fieber hat, ist ein Tierarzt hinzuzuziehen.

Lippengrind

Eine pockenartige Virusinfektion, für die Schafe und Ziegen besonders empfänglich sind. Auch auf den Menschen kann sie übertragen werden. Nach einer kurzen Inkubationszeit führt die Infektion zu Entzündungen an Mundwinkeln, Lippen, Ohren, sogar am Euter der Tiere oder an anderen Körperstellen, die wenig behaart sind. Am Anfang der Infektion kommt es zu leichten Rötungen der Haut, gefolgt von nässenden Stellen und der Ausbildung von Pusteln – eventuell mit Krustenbildungen. Nach etwa einer Woche verschorfen die infizierten Hautpartien und heilen meist nach einem Monat ohne größere Komplikationen ab.

Vorbeugung und Behandlung:

Kranke Tiere sind umgehend in Quarantäne zu halten, da sonst alle Tiere befallen werden. Die betroffenen Hautstellen mit Jod abtupfen. Es sollte darauf geachtet werden, dass die Ziegen genug trinken und fressen. Auf jeden Fall den Tierarzt hinzuziehen.

Listeriose

Eine bakteriell bedingte Infektionskrankheit, die oft durch verunreinigte oder schimmelige Silagefütterung verursacht wird. Die Inkubationszeit kann bis zu drei Wochen betragen. Listeriose führt zu Hirnhautentzündung, Gleichgewichtsstörungen, später zum Festliegen mit rudernden Beinbewegungen. Die Krankheit dauert bis zu etwa zehn Tagen und führt fast immer zum Tod.

Vorbeugung und Behandlung:

Eine Therapie kann vom Tierarzt bei frühzeitig erkannter Krankheit mit einer mehrtägigen hochdosierten Antibiotikagabe versucht werden. Einen Impfstoff gegen Listeriose gibt es derzeit nicht.

Pseudotuberkulose

Eine chronische, durch Bakterien hervorgerufene Infektionskrankheit. Ist eine Ziege infiziert, siedelt sich das Bakterium in den Lymphknoten an und vermehrt sich dort. Es produziert einen Giftstoff, der das Gewebe auflöst. Auch innere Organe werden befallen, wie Leber und Lunge. Aber auch Hoden und Euter können betroffen sein. Mit einer Inkubationszeit von etwa zwei bis sechs Monaten äußert sich die Krankheit im späteren Stadium mit Schwellungen der Lymphknoten. Meist sind es die am Kopf oder vor dem Schulterblatt. Zunächst sind nur kleine Verdickungen sichtbar, die aber anschwellen und sich schließlich öffnen. Platzen die Abszesse auf, tritt Eiter aus, der die Erreger enthält. Die Erreger können in der Umwelt mehrere Monate überleben und somit weitere Tiere infizieren.

Vorbeugung und Behandlung:

Ein Tierarzt kann genau feststellen, ob es sich um Pseudotuberkulose handelt. Kauft man sich Ziegen, muss man auf Symptome innerhalb des Ziegenbestands des Verkäufers achten. Dieser sollte Auskunft über seinen Tierbestandsstatus geben können. Ziegen mit Anzeichen für die Erkrankung müssen separiert werden. Alles muss desinfiziert werden. Bis jetzt gibt es keinen Impfstoff gegen diese Krankheit. Befallene Tiere sollte man erlösen. Auch zum Schutz der Ziegen, die gesund sind.

Stallapotheke

Desinfektionsmittel, Kohletabletten, selbstklebender Verband, Fieberthermometer, Kamillen- und Fencheltee, Einmalspritzen, Wundsalbe, Einmalhandschuhe

DER LANGE WEG

DER VERDAUUNG

Foto © YURII MASLAK/shutterstock.com

Es ist immer schön, den Ziegen beim Fressen zuzusehen, besonders wenn sie so elegant in einer Reihe grasen.
Foto © Sonja Trosky

Wenn die Ziege frisst, hat das Futter einen langen Weg vor sich. Im Maul wird die Nahrung erst einmal leicht zerkaut, eingespeichelt und dann in den aus mehreren Abschnitten bestehenden Verdauungstrakt abgeschluckt. Als Erstes gelangt das grob gekaute Futter in den Pansen und in die Haube, die wegen ihrer Struktur auch Netzmagen genannt wird. Der Pansen und die Haube sind eine Einheit, mischen jetzt das neu aufgenommene Futter mit dem alten und halten alles permanent in Bewegung. Im Pansen befinden sich Bakterien und Mikroorganismen, die schwer verdauliche Futterstoffe, wie Cellulose und Rohfaser, aufschließen. In den Vormägen entstehen Gase, die über das Wiederkäuen und Rülpsen ausgeleitet werden. Es ist wie eine Biogasanlage, in der Gas entsteht. Der Pansen hat bei erwachsenen Ziegen ein Fassungsvermögen von ca. 15 Liter, je nach Rasse kann es etwas mehr oder weniger sein. Ist der Pansen aufgrund einer normalen Verdauungstätigkeit gut gefüllt, kann man auf der linken Seite der Ziege außen an der hinteren Bauchwand eine Beule sehen und die Verdauungsgeräusche hören.

Die Ziege verbringt viel Zeit mit dem Wiederkäuen, insgesamt fünf bis sieben Stunden täglich. Immer wieder wird das Futter in die Mundhöhle zurückbefördert, dort erneut eingespeichelt, zerkaut und wieder hinuntergeschluckt. Alle vier bis sechs Sekunden kommt ein neuer Futterbissen aus dem Pansen ins Maul, wird abermals zerkaut und hinuntergeschluckt. Ist er schließlich flüssig genug, gelangt er schubweise durch die Öffnung in den Blättermagen und von dort aus dann weiter in den Labmagen.

Frieda beim Wiederkauen – gut zu erkennen an den dicken Wangen. Foto © Sonja Trosky

Zwischen Pansen und Haube liegt eine Schlundrinne, die eine Fortsetzung der Speiseröhre ist und bis zum Labmagen führt. Sie ist ein sehr flexibler Kanal, der aus zwei Muskelwülsten besteht, die sich je nach Futterbeschaffenheit schließen oder das Futter weiter in den Blättermagen und Labmagen leiten.

Lämmer, die nur Milch trinken, käuen noch nicht wieder. Die Milch läuft durch den Pansen direkt in den Labmagen, da sie keine Feststoffe beinhaltet. Mit Aufnahme von Heu und Gras entwickeln sich die nur spärlich ausgebildeten Vormagen weiter. Die Lämmer erlernen das Wiederkäuen im ersten Monat, sobald sie feste Nahrung aufnehmen. Man sollte erwachsenen Ziegen kein suppiges Getreideschrot anbieten, da dieses sofort in den Labmagen gelangt und nicht wie bei Trockenfutter in den Vormägen aufgeschlossen wird, was aber für die Aufspaltung der Pflanzeninhaltsstoffe wichtig ist.

Das Absondern von Magensäften wird durch Reflexe wie Kauen und Schlucken ausgelöst. Die Zusammensetzung der Pansen- und Magensäfte hängt von der Art des Futters ab. Bei Futterwechsel ist daher besonders auf eine langsame Umstellung zu achten, da sich die Pansenflora und die Magendrüse nur sehr langsam auf das neue Futter einstellen. Bei plötzlichem Futterwechsel kann es daher zu erheblichen Problemen kommen und sogar zum Tod der Tiere führen.

Im Dünndarm findet die Hauptverdauung der Nahrung statt. In ihm herrscht ein schwach saures bis leicht alkalisches Klima. Zusätzlich zum Verdauungssekret aus der Darmdrüse fließen hier auch Säfte aus der Gallenblase und Bauchspeicheldrüse durch. Diese Fermente und Bikarbonate sind für die Neutralisierung und der weiteren Aufschließung der Nährstoffe verantwortlich. So werden Nährstoffe vorwiegend über die zottenreichen Schleimhäute der Därme resorbiert.

Giftige Pflanzen

Im Allgemeinen fressen Ziegen nichts, was ihnen schadet. Die Wiesen sollten dennoch auf giftige Pflanzen kontrolliert werden, denn so kann man einer möglichen Vergiftung vorbeugen. Auch im Heu sind manchmal Pflanzen noch giftig, wie zum Beispiel das Jakobskreuzkraut, das im getrockneten Zustand seinen bitteren, warnenden Geschmack verliert. Leider kann man die Pflanze im geernteten Heu schwer erkennen. Auch die Ziegen entdecken sie nicht und haben keine Chance, sie auszusortieren. So werden giftige Pflanzen im Heu uneingeschränkt gefressen und führen dadurch leicht zu Leberschäden und in großen Mengen sogar zum Tod. Ebenfalls giftig und im Heu öfter mal enthalten sind Greiskrautarten, Lupinen, Ginster, Immergrün, Goldregen, Tollkirsche, Stechapfel, Bilsenkraut, Eisenhut, Sumpfschachtelhalm, der gern in feuchten Wiesen wächst. Aus diesem Grund sollte genau hingeschaut werden, bevor man die Ziegen auf der Weide grasen lässt oder das Gras mit den Kräutern aberntet.

Giftiges Jakobskreuzkraut in der Blütezeit. Auch aus der Ferne gut zu erkennen. Es sollte auf keiner Wiese stehen, die für Heu oder zum Abgrasen genutzt wird. Es ist wichtig, das Jakobskreuzkraut mit der Wurzel zu entfernen, sonst wird man es nicht los.

Bilsenkraut

Buchs

Eibe

Eisenhut

Thuje und den Kirschlorbeer sollten die Ziegen ebenfalls nicht fressen. Gern pflanzt man diese Bäume beziehungsweise Sträucher allerdings an Wiesenrändern. Aus ökologischer Sicht sind diese Pflanzen wertlos und – im Hinblick auf eine gesunde Tierhaltung – als Weideabgrenzung sogar gefährlich. Bevorzugen Sie heimische Naturhecken. Hierzu zählen zum Beispiel die Buchenhecke und der Sanddorn.

In vielen Gärten finden sich für Ziegen sehr giftige Blumen und Ziergehölze. Zu nennen wären da der Oleander, der Buchsbaum, die Eibe und auch der Rhododendron. Sollte eine Ziege von diesen Pflanzen fressen, ist schnelle Hilfe nötig. Symptome sind: Zähneknirschen, Depression, zentralnervöse Erregungs- und Lähmungserscheinungen. Auch Klee-Arten, die eigentlich gute Futterpflanzen sind, können, abhängig von Jahreszeit, Witterung und der verfütterten Menge, zu Vergiftungen führen. Insbesondere Rotklee hat ein hohes Giftpotenzial.

Vorbeugende Heilpflanzen

Es gibt eine Vielzahl an Pflanzen, die eine Ziege so stärken, dass diese vor bestimmten Krankheiten geschützt ist. Ziegen, die in den Bergen umherziehen, haben erwiesenermaßen weniger Ektoparasiten. Sie grasen auch nicht immer auf denselben Weiden. Wahrscheinlich liegt es an der Vielzahl von heilkräftigen Kräutern, die in den Bergen hoch oben natürlich vorkommen. Unsere Kulturwiesen sind überwiegend mit eiweißhaltigem, pilzresistentem Gras bepflanzt. Jegliches „Unkraut" – für

Foto © Robert Mertl/Shutterstock.com
Ginster

Foto © Mikhailov Studio/Shutterstock.com
Goldregen

Foto © Kazakov Maksim/Shutterstock.com
Greiskraut

Foto © Orest lyzhechka/Shutterstock.com
Immergrün

Foto © M.V.Photography/Shutterstock.com
Kirschlorbeer

Foto © Alyona Shu/Shutterstock.com
Lupine

Foto © Iva Vagnerova/Shutterstock.com
Oleaner

Foto © KatMoys/Shutterstock.com
Rhododendron

mich Kräuter, die eine große Abwechslung für Ziegen darstellen – ist auf den meisten Weiden nicht gewollt. Oft stelle ich mir die Frage: Warum ist Artenvielfalt nicht gewünscht? Alle Tiere hätten einen Nutzen davon, da die Natur einzigartig ist. Würde der Mensch sich nicht überall einmischen, und glauben, er wüsste es besser.

An dieser Stelle möchte ich nur einige Kräuter aufzählen, denn für alles ist ein Kraut gewachsen, und bei der ökologischen Ziegenhaltung ist es von Vorteil, die wichtigsten Arten zu kennen.

Könnte eine Ziege unter einigen Kräutern wählen, sie würde jene verspeisen, die ihr zum gegebenen Zeitpunkt guttun. Hier eine Auswahl, die bei verschiedenen Krankheiten helfen und auch zur Vorbeugung geeignet sind, wenn man sie den kleinen Wiederkäuern ab und zu anbietet.

Rainfarn ist zum Beispiel ein tolles Mittel zum Entwurmen. Darum nennt man es unter anderem auch Wurmkraut. Es hilft auch bei Durchfall. Jedoch darf man es nur äußerst sparsam verabreichen. Bereits bei kleinen Mengen (die Literatur spricht von mehr als drei Gramm pro Ziege) können starke Nebenwirkungen auftreten. Schuld ist das im Rainfarn enthaltene Nervergift Thujon. Meine Ziegen haben sich jedoch nie mehr davon genehmigt, als ihnen gut bekommt. Aber natürlich ist das kein Freibrief und ich warne sehr, sehr deutlich vor unbedachtem Einsatz.

Efeu kann man den werdenden Müttern kurz vor der Geburt anbieten. Er bewirkt, dass die Nachgeburt aus der Gebärmutter besser abgestoßen wird. Man soll ihn nicht ohne Grund, sondern nur kurz vor der Geburt verfüttern, da Efeu

Foto © M. Schuppich/Shutterstock.com
Rotklee

Foto © Nikolay Kurzenko/Shutterstock.com
Stechapfel

Foto © Kabar/Shutterstock.com
Tollkirsche

Foto © LFRabanedo/Shutterstock.com
Sumpf-Schachtelhalm

nicht mehr hilft, wenn er das ganze Jahr aufgenommen wird.

Weidenrinde kann man ins Trinkwasser geben. Das hält Würmer fern. Die Parasiten fühlen sich im Wirtstier Ziege nicht mehr so wohl.

Eichenrinde hat viele Gerbstoffe. Diese bewirken eine gesunde Verdauung und schützen vor Durchfällen.

Geht es einer Ziege schlecht und sie will nicht mehr fressen, mische ich **Brennnesselblätter, Löwenzahn, Esche** oder **Eichenblätter, Petersilie** und **Pfefferminzblätter** frisch oder getrocknet ins Futter. Das Ganze biete ich der kränkelnden Ziege an, und meistens sind sie begeistert, fressen etwas von der Mischung, und es geht ihnen von Tag zu Tag wieder besser.

Gegen Stallparasiten (Fliegen, Mücken, Zecken, Flöhe, Milben) hilft reines **Nelkenöl**. Dieses bekommt man in jeder Apotheke konzentriert zu kaufen. Nach jedem Ausmisten verteilt man es im gesamten Stall bis in jede Ecke, vorzugsweise mit einer Sprühflasche. Es muss stark verdünnt werden (ein Esslöffel auf zehn Liter Wasser).

Foto © Pogodina Natalia/Shutterstock.com
Thuje

Carmen an der Kräuterwanne. Über Lavendel machen sich Ziegen glücklicherweise nicht her. Foto © Sonja Trosky

DAS GEMÜT

Der Mensch hat nachweislich vor mehr als zehntausend Jahren die Ziege für sich entdeckt und sie domestiziert. Man geht davon aus, dass es, wie beim Hund, bei der Zuchtauswahl in erster Linie um die Zutraulichkeit ging. Angeborene Scheu und daraus resultierende Aggressivität sollte so schwach wie möglich ausgeprägt sein, damit ein vertretbares Miteinander gewährleistet war. Die Fähigkeit, menschliche Sprachlaute zu deuten, sogar vom Menschen gesendete Gesten zu verstehen, ist das Resultat der Domestikation dieser ausgesprochen neugierigen und sehr intelligenten Tierart.

Es ist ganz klar, Ziegen lernen in der Herde voneinander und auch aus Erfahrungen, die sie in ihrem Leben machen. Abläufe, die immer wieder

DER ZIEGE

stattfinden, lernen sie genauso schnell wie deren Abänderung. Alles, was sie nicht kennen, wird von ihnen inspiziert. Da sie keine Hände haben, somit nicht greifen können, setzen sie ihre Hörner als Werkzeug ein. Beim täglichen Umgang mit Ziegen wird man des Öfteren überrascht sein, wie schnell sie genau wissen, was man will. Diese Fähigkeiten und Eigenschaften kann man sich bei der täglichen Arbeit zunutze machen. Beim Melken rufe ich die Ziegen bei ihrem Namen, berücksichtige dabei auch die Rangfolge. Sie kennen ihre Namen und reagieren auf Zuruf.

So etwas bereichert und erleichtert die Arbeit. Die jungen Ziegen versuchen gerne, sich vorzudrängeln, obwohl ihnen bewusst ist, dass sie aufgerufen werden und ich die Reihenfolge bestimme.

KOMMUNIZIEREN

- NICHT MECKERN

Eine Ziege meckert nicht, sie kommuniziert mit ihren Artgenossen oder auch mit uns. Eine meckernde Ziege ist eher die Ausnahme und in diesem Fall immer unzufrieden. Liegt es am Futter, das nicht so gut schmeckt wie erwartet? Geht alles nicht schnell genug? Melken, füttern, auf die anderen warten ... da kann man schon mal unzufrieden sein. Werden die Lämmer abgesetzt, rufen sie herzzerreißend, aber nicht nur die Kleinen, auch die Mütter. Kommen sie an den Elektrozaun, gibt es auch einen Ton. So weiß man: Solange keine meckert, ist alles in Ordnung. Im Großen und Ganzen teilen sie sich aber eher durch Körpersprache mit, sei es untereinander oder auch dem Menschen gegenüber.

Die Körpersprache der Ziegen ist sehr vielseitig. Bei Freude wedeln sie mit ihrem Schwänzchen. Das kann man schon bei den kleinen Lämmern beobachten, wenn sie am Euter Milch trinken. Sind die Damen bockig oder bekommen etwas Leckeres außer der Reihe – auch dann ist die Freude groß.

Auch an der Ohrhaltung kann man die Stimmung der Ziegen ablesen. Legt sie die Ohren flach zurück, ist die Ziege misstrauisch oder sogar aggressiv. Stehen die Ohren senkrecht hoch, geht es ihr gut und alles ist in Ordnung. Hängen die Ohren runter und sie macht auch sonst einen traurigen Eindruck, geht es ihr womöglich schlecht.

Wenn Ziegen auf den Hinterbeinen stehen

Um so richtig zu imponieren, steigen die Ziegenböcke, aber auch die Damen senkrecht in die Luft. Es sieht sehr schön aus, doch sollte man solch eine Situation nicht provozieren. Hat man einen Bock zum Decken in der Herde, sollte man diesen immer im Auge behalten. Denn wenn achtzig oder mehr Kilo Lebendgewicht auf zwei Beinen vor einem stehen, kann das bei einer falschen Reaktion gefährlich werden. Weglaufen hilft nicht viel, er wird jetzt erst recht wissen wollen, wer hier der Boss ist. In den Liebesrausch verfallene Kavaliere kann man mit einem kleinen Eimer Wasser von sich abhalten. Ich hatte bei unserem damaligen Ziegenbock meist eine Wasserpistole dabei. Hat er sich mir in den Weg gestellt, mich vom Tor abgedrängt oder versucht, mich an den Zaun zu drücken, hat ein Spritzer Wasser schon gereicht. So waren solche Situationen schnell und ohne Ärger aufgelöst.

Herdenhierarchie

In einer Ziegenherde ist alles genau geregelt. Nicht der imposante Bock führt die Herde an, sondern die ranghöchste Leitziege. Das resultiert nicht zwingend aus dem Alter noch aus der körperlichen Überlegenheit einer Ziegendame, und auch nicht ein großer Erfahrungsschatz macht sie zur Chefin. Einzig und allein aufgrund ihrer Intelligenz wird sie zur Anführerin der Ziegengruppe.

Sie hält nonstop Wache, muss bei drohender Gefahr die Herde beschützen oder das Signal zur Flucht geben. Daher muss die Leitziege körperlich belastbar und absolut fit sein. Sie bringt die Herde zu guten Futterplätzen, bringt sie zum Wasser, auch greift sie bei Auseinandersetzungen innerhalb der Herde ein und sorgt für Ordnung. Selbst der Bock lässt ihr meistens den Vortritt, sodass die Chefin den besten Platz beim Fressen bekommt, als Erste trinken darf und den schönsten Platz für sich zum Schlafen bekommt. Hat sie Lämmer bei sich, sind das Prinz und Prinzessin. Die Kleinen haben absolute Narrenfreiheit, selbst gegenüber erwachsenen Herdenmitgliedern versuchen diese, sich alles zu erlauben.

Haben alle Ziegenmädels ihre Lämmer, sind sie so stolz und manchmal auch so größenwahnsinnig, dass sie versuchen, einen besseren Platz in der Herde einzunehmen. In dieser Zeit probieren die Ranghöheren aus der Alphagruppe in jeder sich bietenden Situation den Platz der Chefin einzunehmen. Das ist eine schwere Zeit für alle, denn diese Kämpfe um die Führung können mehrere Tage in Anspruch nehmen. Hat ein Führungswechsel stattgefunden, lässt die Exchefin ihre Nachfolgerin die nächsten Wochen nicht aus den Augen.

Anneliese hat ihre Lämmer bei sich liegen. Das kleine Nachbarskind, das sich da auch ankuscheln will, wird aber nicht geduldet. Foto © Sonja Trosky

Sobald die Neue mal Schwäche zeigt, wird die Exchefin versuchen, ihren Platz zurückzuerobern. Bleibt die neue Chefin auf ihrer Position, wird die alte Chefin die zweite Anführerin.

Sobald die neue Rangordnung feststeht, ist allerdings auch Folgendes gut geregelt, und zwar ohne weitere Kämpfe. Ist die Chefin geschwächt, erkrankt oder aus anderen Gründen nicht in der Lage, ihre Rolle auszufüllen, übernimmt die Nächste in der Rangfolge vorübergehend die Position der Leitziege und gibt diese sofort ohne Kampf an die Ranghöchste zurück, sobald diese dazu wieder einsatzfähig ist.

Nur nach dem Ablammen gibt es Diskussionen zwischen den stolzen Müttern um die Karriereleiter. In der restlichen Zeit wird sich keiner mit der ersten und zweiten Chefin anlegen. In der obersten Gruppe gibt es noch ein paar Damen, die unter sich gleichberechtigt in der Alphagruppe sind und sich nur darum kümmern, die Betagruppe in Schach zu halten. Es hat viel mit dem Alter, der Erfahrung und der körperlichen Stärke zu tun, doch auch mit dem Selbstbewusstsein und der Frechheit, die meist über Ängstlichkeit und Schüchternheit siegen. So kann es passieren, dass eine Jungziege nach dem ersten Ablammen sofort in die Alphagruppe aufrückt, aber schüchterne Altziegen ihr Leben lang im niedrigsten Bereich verblieben, was sie aber keineswegs bedrückt, denn sie gehören zur Truppe und fühlen sich auf der Position wohl.

Beim Ablammen sind alle Ziegen gleich! Die ganze Herde nimmt Rücksicht auf die werdenden Mütter. Es spielt in dieser Phase keine Rolle,

Buntes Treiben auf der Spielwiese. Im Hintergrund sind große Äste und Wurzeln zum Klettern zu sehen.
Foto © Sonja Trosky

welchen Rang die Ziege hat, sie darf sich überall hinlegen. Die schon geborenen Lämmer werden von den anderen Herdenmitgliedern abgehalten, die gebärende Ziege zu stören. So hat jeder in der Herde die Freiheit, während der Geburt sich den besten Platz auszusuchen; selbst von der Chefin wird dies toleriert.

Freundschaften zwischen Ziegen

Auch Ziegen gehen Freundschaften ein. Die Beziehung Mutter-Tochter hält auch, wenn sie sich Monate nicht gesehen haben, zum Beispiel durch die Trennung zum Absetzen durch den Menschen, damit die Lämmer von der Muttermilch entwöhnt werden. Nach etwas Umkreisen und Beriechen erkennen sie sich schnell wieder. Die Freude des Wiedersehens ist herzergreifend. Mutter und Tochter tauschen Zärtlichkeiten aus und kuscheln beim Ausruhen. Sie liegen beim Wiederkäuen nebeneinander. Sie verhalten sich im Stall oder auf der Wiese, als hätte es nie eine Trennung gegeben. Doch in der Herde gibt es auch Freundschafen von klein auf. Das ist gut zu erkennen. Diese Ziegen liegen viel zusammen, fressen nebeneinander und gehen zusammen auf Entdeckungstour. Es spielt keine Rolle, ob eine Ziege aus der Alphagruppe und die andere aus der Betagruppe kommt, für eine echte Freundschaft gibt es keinen Rang.

Eher schlecht ist es, wenn sich eine Ziege mit dem Hütehund anfreundet. Als Frieda noch klein war, suchte sie immer den Hütehund Bruno auf. Sie rieb zärtlich ihren Kopf an ihm, er leckte ihr die Ohren. Es war schön anzusehen, doch beim Umtreiben der Gruppe von einer Wiese in die andere war Frieda immer woanders und ließ sich von Bruno nicht mehr viel sagen. Noch heute müssen wir immer hinterher sein und sie höchstpersönlich in die neue Wiese bringen. Aus menschlicher Perspektive regt das zu Spekulationen an. Hat die berechnende Frieda etwa den treuen Hütehund Bruno nur um den Finger gewickelt, um sich so Freiheiten herausnehmen zu können? Oder interpretieren wir zu viel „menschliche Gerissenheit" in eine ehrliche Freundschaft zwischen Ziege und Hund?

Ziegen finden auch Hühner nett – das gilt umgekehrt genauso. Foto © Sonja Trosky

Hütehund Bruno und seine Ziegenfreundin Frieda. Idyllisch aber gar nicht praktisch, da Frieda sich beim Umtreiben ungestraft alle Freiheiten nehmen kann. Den Hütehund nimmt sie nicht ernst. Aber es ist wunderschön zu sehen, dass es auch Freundschaften zwischen Ziege und Hund gibt. Foto © Sonja Trosky

„Hallo Kaninchen". Ziegen sind immer sehr zurückhaltend höflich. Auch beim Kennenlernen anderer Tierarten. Foto © Swampy167/Shutterstock.com

BOCK, ZIEGE, LAMM

Foto © Sonja Trosky

Die Ziegenhaltung bereitet sehr viel Freude, aber auch genauso viel Arbeit. Insbesondere, wenn gezüchtet wird, ist der Arbeitsaufwand deutlich erhöht. Bei Zwergziegen und Ziegen, die als Streicheltiere oder kleine Landschaftsgärtnerinnen erworben wurden und bei denen keine Milchgewinnungsabsicht besteht, ist der Arbeitsaufwand für Versorgung und Pflege überschaubarer. In meinem Fall stand die Selbstversorgung im Mittelpunkt, sodass ich im Folgenden meine Erfahrungen zum Züchten weitergeben möchte. Hier darf auch nicht verschwiegen werden, dass bei den Böckchen darüber nachgedacht werden muss, was mit ihnen nach einer gewissen Zeit der Aufzucht passieren soll. Kleine Ziegenböcke sind im Alter von drei bis fünf Monaten geschlechtsreif. Würden sie weiterhin in der Ziegenherde verbleiben, würde es viel zu viel Unruhe geben. Ihnen fehlt jede Hemmschwelle und sie würden versuchen, die eigene Mutter, Tanten, Schwestern und Cousinen zu decken. In der Natur regeln die Ziegen selbst, dass geschlechtsreife Böcke aus der Herde ausgeschlossen werden. Bei den Hausziegen würde das nicht funktionieren, daher müssen wir es schweren Herzens stellvertretend übernehmen, denn es darf nicht zur Inzucht kommen.

Man muss also genau überlegen, was man mit den kleinen Ziegenjungs macht. Wir geben diese Verantwortung nicht ab. Die rechtzeitige Kastration durch einen ziegenkundigen Tierarzt wäre eine Option. Ich persönlich halte jedoch nichts von einer Kastration. Zum einen ist die Narkotisierung von Ziegen nicht unproblematisch, zum anderen haben kastrierte Böcke oft gravierende Probleme mit Harnsteinen, was sehr schmerzhaft für sie ist. Eine schreckliche Folge, die wir schon miterleben mussten.

Meine Ziegen werden alle zwei Jahre gedeckt und während der Schwangerschaft werden sie nicht gemolken. Erst wenige Tage nach der Geburt beginne ich wieder mit der Milchgewinnung bis zur nächsten Deckzeit. Die Mütter danken es mit einer erstaunlichen Milchmenge über zwei Jahre hinweg. Anneliese hat sogar vier Jahre lang Milch gegeben, ohne zwischendurch gelammt zu haben.

Deckzeit

Ziegen werden brünstig. Man sagt auch, sie seien bockig. Je nach Rasse werden die Ziegen saisonal oder asaisonal brünstig. Saisonal heißt, sie werden nur in der Zeit von September bis Februar bockig, im Zyklus von 21 Tagen. Asaisonal bedeutet, sie können das ganze Jahr über bockig werden. In dieser Phase, in der die Hormone verrückt spielen, gibt es zwischen den Artgenossinnen Reibereien und kleinere Kämpfe, die sich aber im Allgemeinen nach drei Tagen wieder legen.

Bockige Ziegendamen sind unruhig, wackeln auffällig mit ihren Schwänzchen und meckern, so laut sie können. Ich belasse den Ziegenbock über die Dauer von etwas mehr als zwei Zyklen ca. acht Wochen in der Herde. In dieser Zeit sollte man ihn stets im Auge behalten, da er bisweilen unangenehme Verhaltensweisen bis hin zu einer gewissen Aggressivität an den Tag legen kann.

Wünscht man sich Ziegennachwuchs, so ist der Herbst die beste Zeit, die Ziege decken zu lassen. Dann fängt der Ziegenbock in des Menschen Wahrnehmung an, besonders zu stinken. Der Ziegenbock verfügt über Hautdrüsen am Hornansatz, deren spezifischer Geruchsstoff sich bei Berührung überall und sehr nachhaltig festsetzt. Ein weiterer, ebenfalls unangenehmer Geruch ist der Uringe-

So schön anzusehen, wenn Mutter und Kind gemeinsam die Welt entdecken. Foto © Sonja Trosky

Der Bock hebt die Oberlippe an die Nase, um den Geruch paarungsbereiter Ziegen zu erhaschen. Foto © Janine Hegendorf

ruch. Man sollte tolerante Nachbarn haben, die diese Zeit mit Langmut und viel Verständnis ertragen. Der Bock markiert alles, was ihm in den Weg kommt. Und wenn ich sage „alles", dann meine ich auch alles (und im Zweifel auch „jeden", der gerade in der Nähe ist). Die Anatomie des Ziegenbocks erlaubt es ihm, in seinen eigenen Bart und auf seine eigene Schulter zu urinieren. Für sein Harem ist es das reinste Parfum. Er reibt seinen Kopf an den weiblichen Tieren, und sie tun es ihm gleich, um möglichst viel Duft abzubekommen. Sie geraten dadurch in einen regelrechten Liebesrausch. Bockige Ziegendamen harnen öfter als gewöhnlich. Ein Ziegenbock kann anhand des Urins feststellen, ob sie einen Eisprung haben. Der hinter der urinierenden Ziege stehende Bock zieht hierfür die Oberlippe hoch, saugt den Uringeruch ein und kann so die Paarungsbereitschaft analysieren. Dieser Vorgang wird als Flehmen bezeichnet.

Ein potenter Ziegenbock ist durchaus in der Lage, innerhalb einer Nacht 35 bis 40 Ziegen zu

Hat wenig mit Romantik zu tun: Zicklein werden gezeugt. Foto © Janine Hegendorf

beglücken. Haben Ziege und Bock Hochzeit gefeiert und ist der Deckakt vollzogen, trägt eine Ziege 154 Tage lang, somit also fünf Monate. Der Oktober eignet sich für meine Art der Ziegenhaltung zur Ziegenhochzeit am besten, denn dann erblicken die Lämmer im März das Licht der Welt. Es ist eine gute Zeit, nachdem die Wintermonate vorbei sind, bei stetig steigenden Temperaturen im Frühling und Sommer heranzuwachsen.

In der Regel bekommt eine Ziege Zwillinge. In seltenen Fällen auch mal Drillinge, und noch seltener bringt sie nur ein Junges zur Welt.

Tragezeit

Wird die Ziege, nachdem der Ziegenbock sie gedeckt hat, nach drei Wochen nicht erneut bockig, kann man davon ausgehen, dass sie tragend ist. Die Schwangerschaft stellt eine Anstrengung für den Körper jeder werdenden Mutter dar. Das ist bei Ziegen nicht anders. Da die Ziege durch ihren enormen Energieverbrauch einen hohen Bedarf an nährstoffreichem Futter hat, darf daran auf keinen Fall gespart werden. Zweimal täglich Kraftfutter in Form von Getreide und einem guten Minerallleckstein dürfen nicht fehlen. Ergänzend sollten dauerhaft Heu und immer wieder mal Obst, aber auch Tanne sowie Baumschnitt als Abwechslung angeboten werden. [Aber Vorsicht bei unverträglichen Pflanzen. Vgl. Abschnitt „Giftige Pflanzen".]

Nach ca. zwei Monaten stellen sich erste körperliche Veränderungen ein. Der Umfang der Bäuche wird zusehends größer. Die Euter fangen ab Ende des vierten Monats an, sich mit Milch zu füllen.

Im weiteren Schwangerschaftsverlauf werden nicht nur die Bäuche dicker und dicker. Es lassen sich auch außergewöhnliche Dinge beobachten. Die zukünftigen Ziegenmütter nehmen zum Ende der Tragzeit verbal Kontakt zu ihren Ungeborenen auf. Ja, sie beginnen tatsächlich, mit ihrem Nachwuchs zu kommunizieren. Das vollzieht sich in der Weise, dass die werdende Mutter den Kopf zu ihrem Bauch dreht und anfängt, mit ihren Kleinen leise meckernd zu „sprechen".

Hannah kurz vor dem Ende ihrer Tragezeit. Der Bauch ist kugelrund. Zum Ende hin sind die werdenden Mütter sehr schwerfällig. Foto © Sonja Trosky

Da zum Ende der Schwangerschaft naturgemäß die Ungeborenen noch an Gewicht zulegen, sollte das Futter etwas reduziert werden, damit die Lämmer nicht zu schwer werden. Ohnehin ist das Liegen und Laufen für die werdenden Ziegenmütter schon beschwerlich, sodass nicht nur sie die Geburt herbeisehnen. Auch ich als Mutter eines Sohnes fühle mit meinen trächtigen Ziegen, wenn ich sehe, wie viel Gewicht Carmen, Line und Co. in den letzten Wochen mit sich herumtragen.

Ablammphase

Kurze Erläuterung vorab: Obwohl in diesem Buch von Ziegen die Rede ist, heißt der Geburtsvorgang Ablammen. Kleine Zicklein werden auch als Lämmer bezeichnet. Somit treffen die Bezeichnungen sowohl auf Schafe als auch auf Ziegen zu.

Es ist interessant zu beobachten, wie sich das Verhalten von erfahrenen und unerfahrenen zukünftigen Ziegenmüttern unmittelbar vor der Geburt unterscheiden kann. Während Ziegen, die schon mindestens einmal eine Geburt erlebt haben, augenscheinlich genau wissen, was zu tun ist, kann es bei den Erstgebärenden sein, dass sie zunächst laut meckernd und etwas planlos durch den Stall laufen, weil sie nicht wissen, was gerade mit dem ersten Einsetzen der Wehen mit ihnen passiert. Zum Glück legt sich das nach einiger Zeit, sodass einer problemlosen Geburt nichts im Wege steht.

Den Beginn der Ablammphase markieren eindeutige Anzeichen. Ein sicheres Merkmal ist, dass die Ziege aufhört wiederzukäuen. Darüber hinaus ist die Scheide merklich rot und angeschwollen. Das Euter ist extrem prall. Die werdende Mutter ist sehr unruhig, sie scharrt mit den Vorderbeinen, legt sich hin, steht wieder auf, um sich alsbald wieder hinzulegen. In dieser Phase köttelt und harnt sie immer wieder, bis sie sich entleert hat. Das Schwänzchen steht steil in die Höhe. Sie gibt sanfte Meckertöne von sich und ruft damit die Ungeborenen. Ist der richtige Ablammplatz gefunden, legt sie sich auf den Bauch oder auf die Seite, aber auch im Stehen fangen einige Ziegen an zu lammen. Als Erstes tritt die Fruchtblase aus.

Möglicherweise wird sie wieder kurz eingezogen und kommt später erneut zum Vorschein. Dann platzt der Fruchtsack auf und dunkle Flüssigkeit läuft aus. Die Ziege presst weiter und zwei kleine Füße sollten innerhalb einer weiteren Fruchthülle erscheinen.

Auf den Vorderläufen liegend, ist die kleine Nase des Lamms zu erkennen. Jetzt folgt der schwerste Teil für die Ziegenmutter, den Kopf mit Stirn und Schulter herauszupressen. Ist der überwunden, flutscht das Lamm ins Stroh, wobei dann auch meist die Nabelschnur abreißt. Zu diesem Zeitpunkt ist das Junge noch in der Fruchthülle. Die Ziege sollte sich nun schnell um das Kleine kümmern, indem sie es leckt und die Fruchthülle auffrisst. Verbleibt das Junge zu lange in der Fruchthülle, droht es zu ersticken.

Normalerweise liegt zwischen den Mehrfachgeburten ein zeitlicher Abstand, in der die Ziegenmutter ihr Erstgeborenes ausgiebig trocken lecken kann, bevor das Geschwisterzicklein zur Welt kommt. Bei meiner Ziegendame Herta haben sich die Ereignisse des Geburtsvorgangs überschlagen. Herta kam gar nicht zum Ablecken der Erstgeborenen, weil sich schon der Bruder seinen Weg in die Welt gebahnt hatte.

Es geht los. Die Fruchtblase tritt aus, es kann aber noch eine Weile dauern, bis es weitergeht. Foto © Sonja Girndt

Sobald die Füßchen und darauf die Nase zu sehen sind, nimmt die Geburt ihren Lauf. Die Ziege liegt auf der Seite und presst, sodass die Blase platzt. Foto © Sonja Girndt

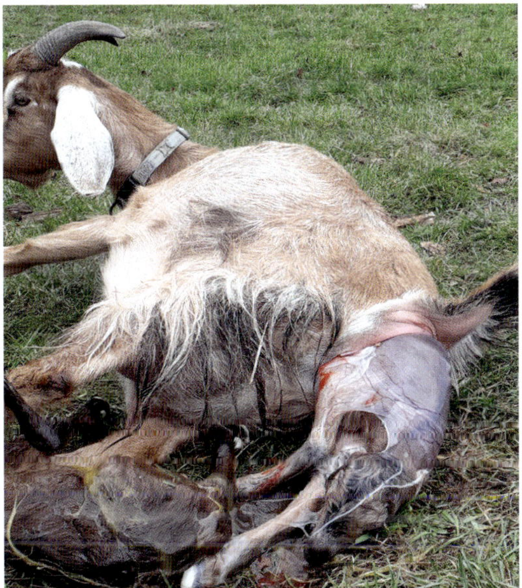

Es ist eine Erstgebärende, somit habe ich sie etwas unterstützt. Während sie gepresst hat, habe ich das Kind an einem Beinchen etwas nach unten in Richtung Euter gezogen. Doch nur, solange die Ziege presst. Dann ging es so schnell. Das Erste war da, und sofort das Zweite. Das passiert sonst in so schneller Folge nicht. Oft leckt die Mutter das Erste noch trocken, ehe das Zweite kommt. Foto © Sonja Girndt

Was man für eine Geburt parat haben sollte:

- Saubere Handtücher
- Desinfektionsmittel für den Nabel (nach der Desinfektion des Nabels diesen Bereich einige Tage nicht berühren)
- Einweghandschuhe
- Sterile Schere
- Telefonnummer vom Tierarzt

Für die Lämmer, die eine kleine Starthilfe benötigen:

- Wärmelampe (Infrarot)
- Alternativ erfüllt auch eine mit warmem Wasser gefüllte Wärmeflasche ihren Zweck, indem sie mit einem Handtuch bedeckt wird, worauf dann das schwächelnde Lamm gelegt wird. Eine Unterkühlung ist unbedingt zu vermeiden, da sie das Lamm so weit schwächen kann, dass es nicht mehr lebensfähig ist. Von daher hilft Wärme immer, um bei Kräften zu bleiben. (siehe Foto links).
- Nuckelflasche, wenn ein Kleines nicht selbst trinken kann. Alternativ eine 20-ml-Einmalspritze (ohne Nadel). Hierbei ist es wichtig, der Mutter Biestmilch abzumelken. Diese erste Milch brauchen die Lämmer für einen guten Start ins Leben. Hat das Lamm innerhalb von zwei Stunden nach der Geburt noch nicht selbstständig getrunken, so sollte versucht werden, ihm die Biestmilch langsam einzufloßen. Diese muss 39 Grad warm sein. Hat die Milch nicht die richtige Temperatur, besteht beim Lamm die Gefahr, Durchfall zu bekommen.

Ein paar Tage alte Lämmer wärmen sich gegenseitig, das Jüngste wird hier ausnahmsweise ein wenig durch ein Handtuch warmgehalten. Foto © Sonja Trosky

In diesem Fall war es gut, dass ich die Geburt begleitet habe und die eine oder andere Hilfestellung geben konnte. Meistens jedoch kommen Ziegen ohne menschliche Hilfe zurecht.

Bei schwächeren oder weniger erfahrenen Ziegen wie bei meiner Herta kann jedoch Hilfe erforderlich sein. Es sollte darauf geachtet werden, dass sich die Mutter um ihren gesamten Nachwuchs kümmert. Sind die Lämmchen geboren und von der Mutter hingebungsvoll trocken geleckt worden, ist die erste Wellnessanwendung für den Nachwuchs auch schon vorbei. Denn jetzt fängt die Mutter an, die Neugeborenen sanft mit ihrem Vorderbein anzustupsen, später vielleicht etwas energischer. Das Ganze verfolgt nur ein Ziel: Die Kleinen sollen möglichst gleich auf die Beine kommen und sich auf den Weg zur Zitze machen. Anfänglich sehr unbeholfen, kommen sie dem Wunsch der Mutter nach und erkennen doch schnell den Vorteil der staksigen Fortbewegungsmöglichkeit: das Andocken an der mütterlichen Milchbar.

Ungefähr eine halbe Stunde nach der Geburt entferne ich das durch die Geburtsflüssigkeit nass gewordene Stroh und fülle es mit reichlich frischem auf. Außerdem überprüfe ich die Extremitäten der Lämmer. Die Kleinen könnten im Mutterleib mit ihren langen Beinchen etwas verdreht gelegen haben, sodass es zu etwaigen Fehlstellungen gekommen ist. Die Knochen sind so weich, dass sich das oftmals von selbst korrigiert. In anderen Fällen ist das Problem durch fachkundiges Bandagieren innerhalb von wenigen Tagen behoben.

Die Kleinen sind zwar nun auf der Welt, die Geburt als solche ist für das Muttertier aber noch nicht abgeschlossen. Es gilt, die Nachgeburt auszutreiben. Pro Lamm eine Nachgeburt. Dies sollte zeitnah nach der Geburt passieren. Es ist möglich, dass die Nachgeburt schon halb draußen ist, aber noch mit der Gebärmutter verbunden ist. Keinesfalls darf daran gezogen werden. Hat sich die Nachgeburt dann selbstständig gelöst, streiten sich die Gelehrten, was mit ihr passieren soll. Eine der Lehrmeinungen besagt, dass frischgebackene Mütter sie in der Natur auffressen, um sämtliche Spuren einer Geburt zu beseitigen und damit keinen Anreiz für Feinde zu schaffen. Das andere Lager vertritt die Ansicht, dass Ziegen keine Fleischfresser sind und es für sie eher schädlich sei, die Nachgeburt zu vertilgen. Was ist richtig?

Wichtiger Hinweis: Sollte der Ablauf einer Geburt anders als oben beschrieben sein, empfehle ich dringend, einen Tierarzt zu konsultieren. Die

Beide Beine sind durch eine Bandage gestützt, so kann das Lamm gerade stehen und – wie man sieht –, ist es dadurch keineswegs eingeschränkt. Die Bandage wird nach ein paar Tagen entfernt. Oft sind die Beinchen wieder gerade, auch ohne Unterstützung. Fotos © Sonja Trosky

überwiegende Anzahl der Geburten verläuft zwar unproblematisch, doch können auch Komplikationen auftreten.

Als kleiner Exkurs sei erwähnt, dass eine Ziege, die gelammt hat, oftmals nachblutet. Tut sie es, so sollte sie mit warmem Wasser sanft abgewaschen werden. Im Sommer ist dies besonders wichtig, da Madenfliegen unterwegs sind. Die Ziege wird nach einer Geburt etwas geschwächt sein, und Fliegen, die ihre Eier im blutigen Fell ablegen, können der Mutter übel zusetzen.

Bei einer Geburt dabei zu sein, ist aufregend und erfüllend gleichermaßen. Wer das einmal erlebt hat, diese sanften Geräusche, die eine Ziegenmutter von sich gibt, und auch das erste zarte Meckern, womit das Lamm seine Ankunft mitteilt, wird es in seinem ganzen Leben nicht mehr vergessen.

Gute, warme Milch von der Mutter. So sollte es sein.
Foto © Sonja Trosky

Ziegenkinder

Da in meiner Herde sämtliche Ziegendamen trächtig waren und sie im Abstand von Tagen nach und nach ihre Jungen zur Welt gebracht haben, gibt es nun ein wuseliges Treiben. Wie beim Menschen, besteht auch bei Ziegenkindern die Hauptbeschäftigung im Trinken, Schlafen und Spielen.

So kann ein Tag bestmöglich verbracht werden. Oftmals betrete ich den Stall und finde die Kleinen teilweise zu sechst oder in noch größerer Anzahl zusammengekuschelt auf-, über- und nebeneinanderliegend und sich gegenseitig wärmend vor. Es wirkt wie ein einziges großes Fellbündel. Nur die jeweiligen zarten Schlappöhrchen lassen erahnen, dass es sich um mehrere Individuen handelt. Von Zeit zu Zeit betrachten die Ziegenmütter das Knäuel und haben alle Mühe, ihre eigenen Kinder ausfindig zu machen, um sie mit den typischen Meckerlauten daran zu erinnern, dass Essenszeit ist und die Milchbar geöffnet hat.

Das wiederum lassen sich die Kleinen nicht zweimal sagen, lösen sich aus dem Knäuel, rennen zu ihren Müttern und beginnen zu trinken. So gestärkt kann die Spiel- und Bewegungsphase beginnen.

Die Tage vergehen und die Kleinen wachsen und wachsen.

Ich lasse die Zicklein drei Monate bei ihren Müttern trinken und melke lediglich das, was die Mütter bereit sind abzugeben. Es mag komisch klingen, wenn man liest: „… was sie bereit sind abzugeben", aber Ziegen sind in der Lage, selbst einzuschätzen, wie viel sie zur Versorgung ihrer Lämmer brauchen. Ist eine bestimmte Melkmenge erreicht, läuft nichts mehr nach und die Ziegen machen buchstäblich dicht.

Nach drei Monaten fange ich langsam an, die Zicklein zunächst nachts von ihren Müttern zu trennen. Der Nachwuchs bekommt einen Extrastall inklusive Futter und Wasser eingerichtet. Die Trennung „auf Zeit" ist meist unproblematisch. Es beginnt die Phase, die Lämmer allmählich daran zu gewöhnen, dass es auch noch andere Nahrung gibt als die von der mütterlichen Milchbar. Ein positiver Begleiteffekt ist, dass beim morgendlichen Melken die Ausbeute höher ist. Nach weiteren zwei bis drei Wochen bleiben die Zicklein auch am Tag unter sich. Da Ziegenböckchen sehr frühreif sind, ist hierbei strikt auf eine Trennung von Jungs und Mädchen zu achten. In der Regel passiert dies ab dem dritten bis vierten Lebensmonat. Die Ziegenmädchen kommen nach weiteren zwei bis drei Monaten wieder zurück zu ihren Muttis in die Herde.

Jetzt bietet sich ein bizarres Schauspiel. Dass alle Zicklein anfangs sehr aufgeregt sind, ist naheliegend und wird durch das Aufstellen der Haare auf dem Rücken sichtbar. Zudem laufen sie so, als hätten sie Stelzen unter den Füßen. Mit der Zeit haben dann alle ihre Muttis wiedergefunden, und auch die sind glücklich, wieder in Gesellschaft ihrer Töchter zu sein. Von meiner Seite bleibt nur zu hoffen, dass die Töchter nicht wieder anfangen, am Euter zu saugen. Obwohl die Kleinen zwischenzeitlich anderes Futter kennengelernt haben, ist der Reiz doch groß, zumal die Mütter ja Milch haben. Einige Ziegendamen lassen es zu, andere wiederum wehren ihre Nachkommen ab. Doch meistens hat sich das nach ein paar Tagen erledigt. Wie auch immer … die Mütter liegen nach der Wiedervereinigung mit ihren Töchtern einträchtig zusammen im Stroh und dösen, für mich immer wieder ein wunderbares Bild.

Die Böckchen dürfen nun nicht mehr in die Gruppe, da sie mit Erfolg versuchen würden, jede weibliche Ziege zu decken. Darum bleiben sie noch eine Weile in der Jungsgruppe. Bevor sie den typischen Bockgeruch annehmen, trennen wir uns von ihnen.

Geschwister wärmen und kuscheln. Foto © Sonja Trosky

Lämmerfütterung

Die Lämmer sollten wie die Älteren permanent Heu zur Verfügung haben, immer frisches Wasser und einen Mineralleckstein. Sind die Zicklein noch bei

Kleine Kämpfe sind zum Üben an der Tagesordnung. Foto © Sonja Trosky

der Mutter und trinken Milch, kann man ab der achten Woche beginnen, ihnen Getreide, wie etwa Hafer, Gerste und Luzerne, anzubieten. Dabei muss man die Lämmer separat stellen, da sich sonst zuerst und allein die Ziegenmuttis über eine Zwischenmahlzeit freuen. Ab der zwölften Woche füttern wir den Kleinen zweimal täglich eine Ration Kraftfutter, um den Energieverbrauch zu kompensieren und das Wachstum zu unterstützen. Auch Tannengrün und Obstbaumschnitt sind willkommene Leckereien. Während klein geschnittene Äpfel und Möhren bei erwachsenen Ziegen sehr beliebt sind, stößt dieses Obst zum jetzigen Zeitpunkt beim Nachwuchs noch auf Ablehnung. Die in Größe und Gewicht etwas kleiner geratenen Lämmer bekommen zusätzlich zwischendurch eine Extraportion Milch.

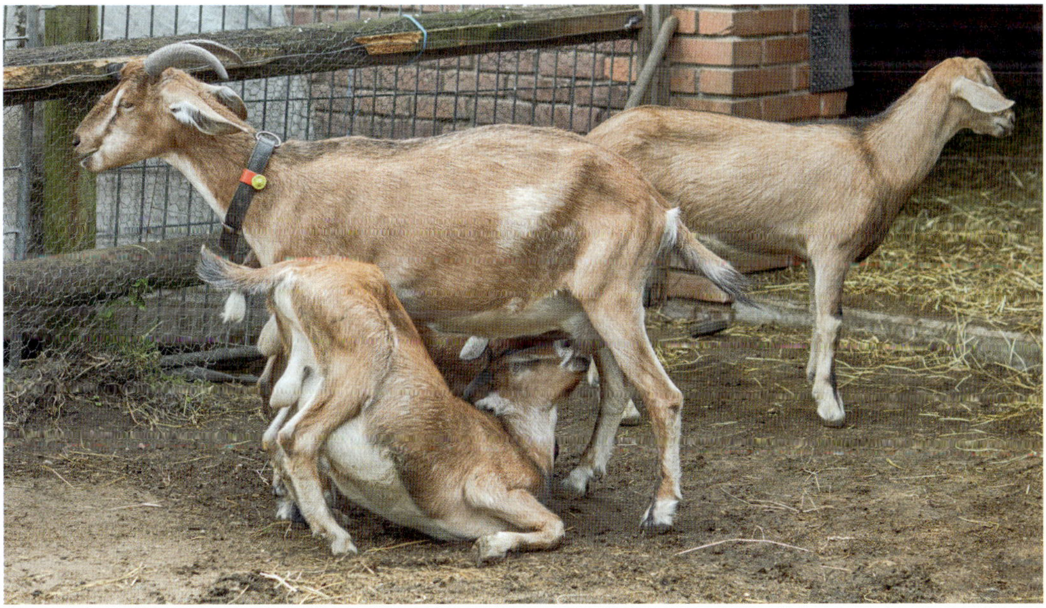

Fast genau so groß wie die Mutter und die Milch schmeckt immer noch. Foto © Sonja Trosky

MELKEN

Ziegenmilch macht groß und stark.

Foto © Ginger Design/Shutterstock.com

Ist es der Wunsch, die Milch der eigenen Ziegen zu gewinnen, sie zu trinken oder zum Beispiel zu Käse weiterzuverarbeiten, so ist es unerlässlich, das Melken zu erlernen. Und auch die Ziegen, die das erste Mal Milch geben, müssen sich langsam daran gewöhnen, gemolken zu werden. Das heißt, sie müssen lernen und akzeptieren, an Euter und Zitzen angefasst zu werden. Manche Ziegen sind dabei unkompliziert, andere hingegen treten mit ihren Hinterbeinen aus wie wilde Pferde.

Auf welche Art auch immer gemolken wird – ob per Hand oder mit der Melkmaschine –, muss das Euter vorher „angemolken" werden. Das bedeutet, dass ein paar Strahlen Milch zunächst von Hand in ein separates Gefäß gemolken werden. Das ist wichtig, weil die ersten aus dem Euter kommenden Milchstrahlen mit Keimen verunreinigt sein können. Diese Keime werden mit dem Anmelken, was auch als Anrüsten bezeichnet wird, entfernt.

Um den Milchfluss bei den Ziegen anzuregen, stupse ich mit der Hand ein- oder zweimal unter das Euter und simuliere somit das Verhalten von den kleinen Zicklein, die ebenfalls mit ihren Näschen heftig gegen das Euter boxen, um den Milchfluss anzuregen.

Zum Melken nehme ich beide Zitzen zwischen Zeigefinger und Daumen, und zwar an der Stelle, wo der unmittelbare Übergang vom Euter zur Zitze ist. Dies ist die richtige Stelle, um die Milch auch nach außen zu transportieren und nicht nach oben in das Euter zurück. Ich drücke Zeigefinger und Daumen fest zusammen und mit einer Bewegung von oben nach unten durch Schließen der weiteren Finger zu einer Faust. So sollte die Milch aus der Strichöffnung herausspritzen. Die angemolkene Milch gebe ich entweder meinen Katzen oder den Hunden, da Ziegenmilch von beiden sehr gut vertragen wird.

Danach reinige ich das Euter mit einem trockenen Tuch und beginne den eigentlichen Melkvorgang. Das Melken von Hand vollzieht sich so wie oben beschrieben. Die Milch wird nun in einem sauberen Gefäß aufgefangen.

Aus meiner Sicht lohnt sich eine Melkmaschine nicht für eine Handvoll Ziegen. Die Zeitersparnis ist durch das Reinigen der Maschine schnell aufgebraucht, denn nach jedem Melkvorgang muss sie aufwendig gereinigt und desinfiziert werden.

In meinem Fall warten stets mehr als zehn Ziegen darauf, morgens und abends gemolken zu werden, das heißt regelmäßig alle zwölf Stunden. Und da es auf Dauer sehr anstrengend ist, mit der Hand zu melken, haben wir einen kleinen Melkstand gebaut, auf dem jeweils vier Ziegen Platz finden und mit der Melkmaschine gemolken werden können. Die Reihenfolge der Kandidatinnen zum Melken haben die Ziegen ruck, zuck! verinnerlicht. Daher brauche ich nur die ersten vier Ziegen bei ihren Namen zu rufen und schon finden sie sich an der Stalltür ein. Schnell erklimmen sie den Melkstand. Sie stehen nebeneinander, freuen sich auf das Melken und vermutlich noch mehr auf ihr

Melken geht immer – auch im Freien.

Foto © Li And Studio/Shutterstock.com

Kraftfutter, das sie bei dieser Gelegenheit individuell portioniert serviert bekommen.

Das Füttern auf dem Melkstand hat mehrere Vorteile. Zum einen kann ich die Futtermenge kontrollieren, zum anderen sehe ich, wenn eine Ziege keinen Appetit hat, was unter Umständen ein Hinweis auf den Beginn einer Erkrankung sein kann, und daraufhin müsste ich ihr weiteres Verhalten beobachten. Sowohl beim Melken von Hand als auch beim Melken mit der Melkmaschine ist es wichtig, dass das Euter immer komplett ausgemolken wird, also zum Schluss tatsächlich leer ist. Ansonsten kann es zu schwerwiegenden Euterentzündungen kommen. Hat die Ziege aber noch ihre Lämmer bei Fuß, ist sie in der Lage, Milch zurückzuhalten, damit sie ihre Kleinen gut versorgen kann. In diesem Fall wird das Euter natürlich nicht komplett leer gemolken.

Während der Melkrhythmus auf meinem Hof zwölfstündig ist, kann er auch, sofern die Milchausbeute weniger hoch sein soll, 24-stündig sein. Ziegen sind keine Maschinen, daher sollte immer zur gleichen Uhrzeit gemolken werden. Damit ist sichergestellt, dass die Ziegen sich darauf einstellen und so automatisch eine gleich bleibende Milchmenge produzieren.

Euterpflege

Hat eine Ziege gelammt und somit Milch zur Verfügung, die auch für den menschlichen Konsum gedacht ist, ist es sehr wichtig, auf die Euterhygiene zu achten. Etwas anders verhält es sich, wenn die Ziegenmutter ausschließlich ihre Lämmer versorgt. Dann brauchen die im Folgenden beschriebenen Maßnahmen nicht so akribisch verfolgt zu werden. Wohl aber die Kontrolle, ob beide Euterhälften gleichmäßig leer getrunken werden. Wurde nur ein Lamm geboren, so wird anfangs

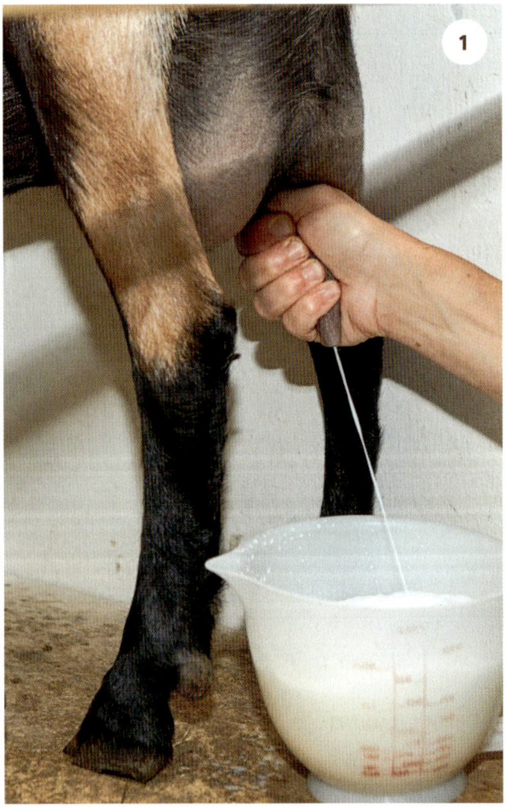

Bild 1: Die ganze Hand umfasst den Strich des Euters. Dann wird „Finger für Finger" von oben nach unten eine Faust gemacht. So kommt die Milch aus dem Euter.

Bild 2: Als Kraftfutter bekommen unsere Ziegen Bio-Getreide mit verschiedenen Ölen und Kräuter-Pellets.

Bild 3: Auf dem Melkstand bekommen alle ihr Futter. Vor allem aber „nach individuellem Bedarf". Die eine mehr, die andere weniger. Fotos © Sonja Trosky

tendenziell nur auf einer Euterseite getrunken. In so einem Fall ist es wichtig, dass sich keine Entzündung entwickelt. Um dieser entgegenzuwirken, sollte man so viel Milch von der nicht benutzten Seite abmelken, bis das Euter entspannt ist und sich weicher anfühlt. Ausnahmsweise sollte nicht leer gemolken werden, da sonst die Produktion noch mehr angeregt würde.

Wenn aber keine Lämmer mehr von den Müttern versorgt werden, ist es wichtig, das Euter immer ganz leer zu melken. Ziegenhalter haben die Verantwortung für das Wohlbefinden und die Gesundheit ihrer Herde und insbesondere die Pflicht, auf gesunde Euter der Ziegen zu achten. Umso mehr, wenn die Ziegen gemolken werden. Ein gesundes Euter zeichnet sich dadurch aus, dass es sich nicht heiß anfühlt, das Gewebe gleichmäßig ist und keine vergrößerten Lymphknoten oder äußere Verletzungen aufweist. Wenn für den Ziegenhalter vom Aufwand her möglich, sollte alle zwölf Stunden gemolken werden. Somit brauchen die Ziegen nicht den ganzen Tag mit einem prallen Euter umherzuziehen, was mit Sicherheit für die Tiere nicht angenehm ist. Es gibt diverse Desinfektionsmittel, auch Dipmittel genannt, die nach dem Melkvorgang dafür sorgen, dass sich der Strichkanal, also die Zitze, wieder verschließt. Was trinkende Lämmer mit ihrem Speichel bewirken, wird mit Dipmitteln simuliert. Sie verhindern, dass Bakterien oder anderweitige Umweltgifte in den Strichkanal gelangen und in das Euter aufsteigen. Ist in Ausnahmefällen kein Dipmittel zur Hand, ist das Euter zumindest trocken mit einem sauberen Baumwolltuch abzuwischen und auf ausreichende Stallhygiene zu achten. Werden mehrere Ziegen gemolken, von denen eine möglicherweise zu Euterproblemen neigt, muss diese immer zuletzt gemolken werden, um zu verhindern, dass Bakterien auf die anderen Tiere übergreifen.

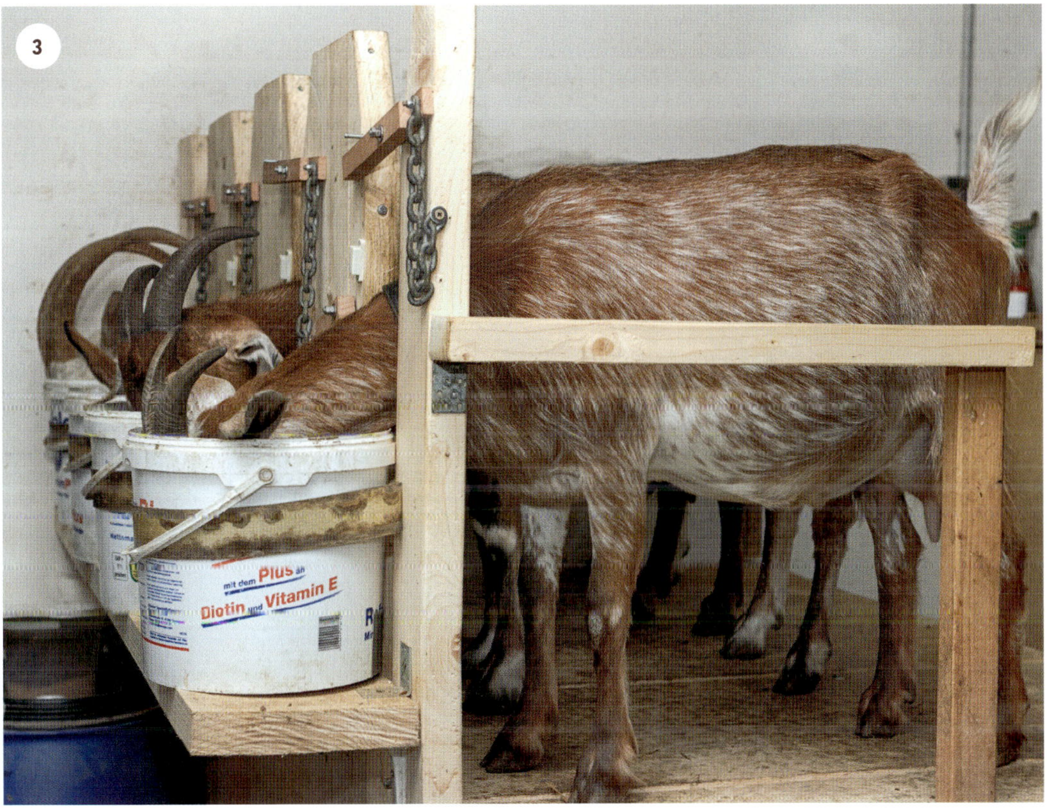

KÄSE SELBST

So weiß man, was man hat.
Foto © Sonja Trosky

HERSTELLEN

Mit viel Ruhe und konzentriertem Arbeiten lässt sich Käse sehr gut selbst herstellen, und das sogar überwiegend mit Utensilien, die jeder in der Küche hat. Nachfolgend beschreibe ich, was man zum Käsemachen braucht und worauf man achten muss. Des Weiteren gebe ich zwei Rezeptvorschläge.

Es ist noch kein Meister vom Himmel gefallen und der Käse wird nicht jedes Mal gelingen. Beispielsweise säuert die Milch anders von Ziegen, die mit Silage statt mit Heu gefüttert wurden. Die Milch sollte immer frisch sein. Für die Käseherstellung kann sowohl Rohmilch als auch pasteurisierte Milch verwendet werden. Zu bedenken ist: Die Rohmilch sollte nicht älter als 24 Stunden sein. Soll hingegen pasteurisierte Milch verarbeitet werden, so muss diese eine halbe Stunde lang bei 63 Grad erwärmt werden. Dieses ist die schonendste Art der Pasteurisierung. Hocherhitzte Milch, die bei 85 Grad für bis zu 15 Sekunden pasteurisiert wurde, verlieren die ursprünglich enthaltenen wertvollen Bestandteile ihre Wirksamkeit.

Wichtig ist, sauber zu arbeiten, und sämtliche zum Einsatz kommenden Küchengerätschaften und Gefäße sollten rein sein.

Die wichtigsten Dinge sind ein Topf, in dem die Milch erhitzt wird, und ein Thermometer, um die Temperatur zu überprüfen. Nur so kann man zum richtigen Zeitpunkt oder Hitzepunkt mit den weiteren Schritten fortfahren. Als mesophile Reifungskulturen, die der Milch für den Käseprozess zuzufügen sind, kann Joghurt oder auch Buttermilch verwendet werden. Im Handel erhältliche Käsereikulturen können oft nur in großen Einheiten erworben werden und wären damit für den Hausgebrauch überdimensioniert. Lab als weitere Zutat gibt es flüssig oder als Tablettenform und ist in Apotheken oder im Käsereifachhandel erhältlich.

Zeigen die Reifungskulturen und das Lab in der Milch Wirkung, so verdickt sie sich. Der Schneebesen dient dazu, die dick gewordene Milch zu brechen. Es entsteht Käsebruch. Für die Herstellung von Frischkäse oder Quark wird ein mit einem Seihtuch (Moltontuch) ausgelegtes Sieb auf eine große Schüssel oder einen sauberen Eimer gelegt, in der/

Käseutensilien: Sieb, Suppenkelle, Schneebesen, Moltontuch und Käseformen aus einem Käsefachhandel. Lab nicht zu vergessen! Foto © Sonja Trosky

Was man braucht:

- Kochstelle
- Messbecher
- Topf
- Thermometer
- Käseharfe oder Schneebesen
- Schöpfkelle
- Sieb
- Eimer (lebensmittelecht)
- Teller, der auf das Sieb passt
- Seihtuch (Moltontuch)
- Gewicht
- Gelochte Käseform
- Joghurt oder Buttermilchkulturen bzw. mesophile (bevorzugen Temperaturen von 20° bis 40 °C) und
- thermophile Käsereikulturen (Milchsäurebakterien, die bei einer Temperatur von 30° bis 54 °C aktiv werden)
- Lab (gewonnen aus Kälbermägen oder alternativ mikrobielles Lab, gewonnen aus Pilzen oder Pflanzen)

dem später die Flüssigkeit (Molke) aufgefangen wird. Der Käsebruch wird sodann zum Abtropfen in das Sieb gegeben. Dann mit dem Seihtuch die Käsemasse abdecken, die Enden „über Kreuz" verknoten und das so „geschnürte Käsemassepaket" daran aufhängen. Soll ein Weich- oder ein Hartkäse hergestellt werden, wird eine Käseform benötigt. Der Fachhandel bietet Käseformen jeglicher Art und Größe an. Im Anhang verweise ich auf zwei Internetseiten von Käsereifachhändlern. Die Form darf nicht zu groß sein, da beim Käsen 90 Prozent Wasser, die sogenannte Molke, anfällt. Ein Käse in einer zu großen Form würde zu flach werden. Es ist auch möglich, sich aus vorhandenen Kunststoffbehältern Käseformen selbst zu basteln. Wichtig dabei ist, dass die Form für das Abtropfen der Molke ausreichend viele Löcher hat.

Übrigens ... Molke schmeckt pur oder mit Saft vermischt vorzüglich und ist ganz nebenbei auch gesund. Die Ziegen sind ebenfalls verrückt danach. Allerdings sollten sie erst ab einem Lebensalter von einem Jahr Molke zu trinken bekommen, und das auch nur in Maßen, da bei zu großem Konsum die Gefahr von Durchfall besteht. Neben der Tatsache, dass Molke als Genussmittel und sogar als Heilmittel für Mensch und Tier genutzt werden kann, eignet sie sich auch hervorragend als Dünger für den heimischen Garten.

Wichtig zu wissen

Ziegenkäse ist ein wertvolles, wohlschmeckendes Nahrungsmittel, das in vielen Ländern als eine besondere Spezialität gilt. Er enthält Aminosäuren und Fettsäuren in einer besonders leicht verdaulichen Form, weshalb er auch für ältere und kranke Menschen bekömmlich ist. Für den menschlichen Körper ist Käse ein wichtiger Proteinlieferant. Der Eiweißanteil ist besonders bei fettarmen Sorten höher als beim Fleisch. Die Ziegenkäseherstellung erfordert unbedingt genaues und diszipliniertes Arbeiten, eine gute Beobachtungsgabe und auch etwas Fingerspitzengefühl. Man sollte sich genug Zeit nehmen und alles in Ruhe erledigen.

Käserezepte

Für jeden Geschmack lässt sich der passende Käse herstellen, ob mild oder herzhaft. Es bereitet viel Freude, das Käsehandwerk auszuprobieren und für sich weiterzuentwickeln. Von Weich- bis Hartkäse ist es immer spannend zu beobachten, wie der Käse entsteht und reift.

Bei selbst hergestelltem Käse weiß man, welche Zutaten verwendet wurden. Ist der Käse verzehrbereit, kann man mit Stolz auf sein Werk blicken und mit Hingabe den selbst gemachten Käse genießen.

Weichkäse

Ausgehend von zehn Litern pasteurisierter Milch lässt sich bereits ein hervorragender Weichkäse herstellen. Hierzu wird die Milch in einem Topf auf 32 Grad erhitzt. Das sollte mit einem geeigneten Thermometer durchgehend beobachtet werden. Sobald diese Temperatur erreicht ist, wird der Herd ausgeschaltet und der Topf von der Wärmequelle genommen. Nun werden ein bis zwei Prozent mesophile Milchsäurekulturen hinzugefügt und die Milch zur gleichmäßigen Verteilung der Kulturen umgerührt. Daraufhin lässt man die Mischung ungefähr eine Viertelstunde bei gleich bleibender Temperatur ruhen. Bevor das flüssige Lab der Mischung beigefügt wird, muss es in handwarmem Wasser in einem Mischungsverhältnis von einem Anteil Lab zu zwei Anteilen Wasser verdünnt werden. Dadurch ist gewährleistet, dass es sich besser in der Kesselmilch verteilt und sich mit ihr vermischt.

TIPP **Zur Orientierung: Für zehn Liter Milch werden zwei Milliliter Lab benötigt.**

Das verdünnte flüssige Lab langsam rührend und ohne dabei Verwirbelungen zu erzeugen in die Milch geben. Den Topf vorsichtig abdecken und eine Stunde ruhen lassen. In dieser Zeit wird die Milch dick. Die leiseste Berührung des Topfes in dieser Zeit gefährdet den gesamten Prozess. Also ... absolut in Ruhe stehen lassen! Danach mit einer Käseharfe, alternativ mit einem Schneebesen oder großen Messer, die Masse vorsichtig durchkämmen. Diesen Vorgang so lange wiederholen, bis sich haselnussgroßer Käsebruch bildet. Im Anschluss wird die Käsemasse drei Mal für fünf Minuten vorsichtig mit einer Kelle aufgerührt. Zwischen den Intervallen müssen Ruhephasen eingehalten werden, nach dem ersten Rühren eine Viertelstunde, nach dem zweiten Rühren eine halbe Stunde und zuletzt eine Dreiviertelstunde. Dann lässt man den Käsebruch auf den Topfboden sinken, schöpft etwa 30 Prozent der gewonnenen Molke ab und verteilt die Käsemasse randvoll auf mehrere gelochte Käseformen. Es sollte ein ausreichend großes Gefäß unter die Formen gestellt werden, damit die restlich austretende Molke aufgefangen werden kann. Nach ca. drei Stunden muss der Käse in den Formen gewendet werden. Der Käse muss fest genug sein, sodass er auch ohne stabilisierende Käseform so viel Standfestigkeit hat, dass er ohne zu zerbrechen mit den Händen der Form entnommen und rundherum gesalzen werden kann. Dafür wird Koch- oder Steinsalz verwendet. Es dient dazu, die restliche Molke aus der Käsemasse zu ziehen. Den Vorgang des Salzens noch ein weiteres Mal wiederholen und den Käse im Kühlschrank bis zum baldigen Verzehr aufbewahren.

TIPP Der Käse schmeckt ausgezeichnet im Salat oder, wenn man ihn im Backofen zusammen mit Tomaten grillt.

Selbst gemachter Käse mit Bockshornklee. Foto © Sonja Trosky

Hartkäse

Die Milch wird in einem Topf auf 35 Grad erhitzt. Ist die Temperatur erreicht, rührt man ein bis zwei Prozent Säurekulturen in die Milch. Jetzt muss ca. 10 bis 15 Minuten gewartet werden, bis es weitergeht. Dann pro Liter Milch fünf bis sechs Tropfen Flüssiglab in ein kleines Glas tropfen. Die doppelte Menge lauwarmes Wasser hinzufügen, damit sich die Mischung später in der Milch besser verteilt und sich dort verbindet. Das mit Wasser verdünnte Lab vorsichtig in die Milch einrühren. Wie generell beim Käsen ist es auch hierbei wichtig, keine Verwirbelungen zu erzeugen, damit die Milchoberfläche schnellstmöglich zur Ruhe kommt und sich nicht mehr bewegt. Im Anschluss muss eine Stunde gewartet werden.

Hier die Messerprobe. Die Masse teilt sich, wenn der Bruch genug geruht hat. Foto © Sonja Trosky

Auch hier gilt wieder: Zwischendurch nicht berühren! Die kleinste Erschütterung gefährdet den ganzen weiteren Prozess. Die Masse ist fest genug, wenn sie mit einem Messer kurz eingeschnitten wird und sich dabei beim Anheben aufspaltet.

Erst jetzt darf der Käsebruch mittels einer Käscharfe oder eines Schneebesens geschnitten werden. Es muss mehrmals in alle Richtungen eingeschnitten werden, sodass die Molke aus der Käsemasse austreten kann. Der Käsebruch sinkt zu Boden, während oben die reine Molke bleibt. Dann 20 Prozent Molke abschöpfen und für eine weitere Verwendung auffangen. Der Käsebruch wird jetzt gewaschen, das heißt 10 Prozent 40 Grad warmes Wasser wird langsam in die Masse eingerührt. Dann wird die gesamte Käsemasse unter ständigem Rühren auf 40 Grad erhitzt. Bei Erreichen der Temperatur wird der Herd ausgeschaltet und so viel Molke abgegossen, bis der auf den Boden gesunkene Käsebruch zum Vorschein kommt. Hier kann man nach eigenem Geschmack den Käse verfeinern, mit Gewürzen oder auch Kräutern. Anschließend wird die Käsebruchmasse in eine dafür vorgesehene gelochte Käseform gefüllt und muss von oben gepresst werden, damit die restliche Molke austreten kann. Zum Pressen eignen sich besonders gut Käsepressen. Es ist aber auch möglich, die Form mit einem passenden Teller abzudecken und diesen zu beschweren, zum Beispiel mit gefüllten Wasserflaschen oder anderen Gewichten. Der Käse kann in der Form bei einer Temperatur von 18 bis 20 Grad bis zu 20 Stunden problemlos verbleiben. Danach sollte er aus der Form genommen und anschließend rundherum gesalzen werden. Zwei bis drei Tage wird der Käselaib täglich einmal erneut rundherum gesalzen. Dadurch tritt die restliche Molke aus und gleichzeitig wird durch das Salzen ein Fremdschimmelbefall vermieden. In dieser Zeit sollte der Käse im Kühlschrank aufbewahrt werden. Am besten auf einem Kunststoffgitter in einem großen Behältnis mit Deckel, ebenfalls aus Kunststoff, damit im Idealfall eine 80-prozentige Luftfeuchtigkeit simuliert wird. Diese hohe Luftfeuchtigkeit verhindert Risse im Käselaib. Zwischen Käselaib und Behältnis sollte ringsherum und auch nach oben genügend Platz sein. In einem Reiferaum reift der Käse normalerweise mehrere Monate. Hat man einen derartigen Raum nicht zur Verfügung, kann der Käse auch schon nach einer Woche verzehrt werden. So oder so wird er oft mit einer Kunststoff- oder Wachsschicht eingepinselt, wodurch verhindert wird, dass der Käse austrocknet oder schimmelt. Alternativ kann der Käse auch „vakuumiert" werden.

Sollte ein Stück Käse sehr fest geworden sein, eignet er sich hervorragend wie Parmesankäse zum Reiben.

Viel Spaß und guten Appetit!

SEPTEMBER

BIS AUGUST

Foto © Sonja Trosky

Danke lieber Apfelbaum – das wird eine gute Ernte. Foto © Sonja Trosky

Hier beschreibe ich ein Jahr mit meinen Ziegen. Was alles so ansteht. Worauf es ankommt. Wie viel Abwechslung und Freude die Ziegen mir bereiten. Aber … „ohne Fleiß keinen Preis".

September

Der September ist gekommen, die Tage werden kürzer. Ich merke es auch immer daran, dass der Ziegenbock von Tag zu Tag mehr duftet. Kein angenehmer Geruch für die meisten Menschen, mit ganz wenigen Ausnahmen. Ein Bekannter kommt dafür extra vorbei. Er mag diesen Duft. Nun ja, jedem das Seine. Insofern … auch die Ziegendamen schweben bei diesem Geruch auf einer Wolke der Verzückung.

Etwas bedrückend ist es schon für mich, da ich weiß, Herbst und Winter kommen näher. Das bedeutet viel Matsch und weniger Auslauf für die Ziegen, da sie bei schlechtem Wetter partout nicht aus dem Stall wollen. Für mich bedeutet es häufigeres Misten.

Das Schöne an dieser Zeit ist, dass, sobald die Ziegen trocken gestellt sind, ich mal die Gelegenheit habe, unterwegs zu sein, ohne auf die Uhr zu schauen wegen des sonst im Rhythmus von 12 Stunden anstehenden Melkens. Das genieße ich dann auch, obwohl ich die leckere Milch sehr vermisse. Denn sonst wartet mein Mann mit einem Espresso auf mich, wenn ich morgens nach dem Melken aus dem Stall komme. Der wird dann mit noch warmer Ziegenmilch getrunken. Zwangsläufig trinke ich in der milchfreien Zeit nur Tee.

Für den Prozess des Trockenstellens beginne ich die Ziegen nur noch morgens zu melken, damit sie weniger Milch produzieren. Nach zwei Wochen gehe ich dazu über, bloß jeden dritten Melkvorgang durchzuführen, das Ganze für eine gute Woche. Dazu reduziere ich das Kraftfutter auf die Hälfte. Viel Futter bedeutet viel Milchleistung, weniger Futter bedeutet weniger Leistung. Jetzt werden die Ziegen brünstig, auch bockig genannt. Sie fangen an zu rufen, was nicht mit dem üblichen Meckern zu vergleichen ist, da es an Intensität und Lautstärke über dieses hinausgeht. Sie bespringen sich gegenseitig und kämpfen in einer Tour, die Schwänzchen stehen vor lauter Erregung kaum zur Ruhe. Jetzt kommen sie auch nicht mehr so gern auf den Melkstand. Selbst das Futter kann sie nicht locken, wenn sie brünstig sind. Da muss ich dann in den Stall und die Mädels holen, die nicht auf den Melkstand wollen. Um einer Euterentzündung vorzubeugen, kontrolliere ich lieber, ob sich das Euter weich und nicht heiß anfühlt.

Am Ende des Monats ist es endlich so weit. Der neue Bock kommt in die Herde.

Da wir nur alle zwei Jahre decken und der vorherige Bock somit seine eigenen Kinder decken würde, brauchen wir zu jeder Deckzeit, somit alle zwei Jahre, einen neuen Bock. Kauft man eine ältere Ziege und lässt diese in die Herde, wird sie von den anderen Ziegendamen gejagt, geboxt und sogar gebissen. Bei einem Bock, der „einfach so" in die Gruppe kommt, ist das ohne Probleme möglich. Er ist ja auch kein Konkurrent. Im Gegenteil. Die Anwesenheit und der Duft des Produzenten machen alle Ziegen unruhig. Sie reiben sich an ihm – und er sich an den Ziegendamen. Dann wird „Fangen" gespielt, weil die Ziegen sich nicht sofort decken lassen. Er muss schon etwas Einsatz zeigen; erst dann bleibt die Ziege stehen und der Deckakt wird in Sekundenschnelle vollzogen.

Diesen Monat haben wir noch etwas Milch, die wir zu Käse verarbeiten. Der Hofladen ist ab Oktober nur noch einmal die Woche geöffnet. Käse und Wurst werden langsam abverkauft.

Der duftende Kavalier bleibt für zwei Monate in der Herde. Dann sind alle Ziegen sicher tragend. In der Zeit, während der Bock in der Herde ist, ist es eine Herausforderung, auf die Wiese zu gehen oder im Stall etwas zu erledigen. Der Bock macht es einem nicht leicht. Man muss ihn immer im Auge behalten, weil er sich als Aufpasser versteht und vermeintliche Eindringlinge in die Herde zu vertreiben versucht. Wenn es sein muss, mit Gewalt. Aus diesem Grund fällt das entspannte Schmusen und Ziegenkuscheln erst mal aus, nicht zuletzt auch deshalb, weil man nicht nach Ziegenbock riechen möchte.

Im September müssen mein Mann und ich uns um die Zäune kümmern. Wir gehen die Wiesen ab, kontrollieren die Zaunpfähle und die Drähte. Vermodertes an den Pfählen wird ersetzt oder repariert.

Alle paar Tage mache ich Käse aus der Milch, die noch anfällt.

Reiche Ernte im Ziegengarten. Foto © Sonja Trosky

Oktober

Nun ist die Zeit gekommen, die Obstbäume zu schneiden. Allein deshalb schon, weil sich die Ziegen über die noch blattreichen Äste freuen. Freunde bringen uns ihren Heckenschnitt von Buche und Weißdorn, was für Abwechslung auf dem Speiseplan sorgt. Da jetzt kaum noch Gras wächst, sind die Ziegen begeistert von diesen grünen Leckereien. Äpfel, die wir auf der Obstwiese haben, werden auch gern angenommen. Damit die Mädels genügend Vitamine bekommen, besorgen wir Möhren und Rote Bete. Das alles hilft über den Winter. Lässt es die Zeit zu, ziehen wir mit allen Ziegen am Feldweg entlang. Und auch am Waldrand gibt es noch einiges zu knuspern. Brennnesseln, Blätter, Brombeerbüsche und vieles mehr, worüber sie sich hermachen. Unsere Hunde sind selbstverständlich mit dabei. Neben potenziellen Ausreißerinnen haben die Hunde auch immer den Bock im Blick. Solange der mit Fressen beschäftigt ist, denkt er zwar nicht daran, eigene Wege einzuschlagen oder uns gegenüber ungemütlich zu werden, aber es beruhigt ungemein, wenn die Hunde im Zweifel warnen und helfen würden, den Bock in seine Schranken zu weisen.

In der Nähe des Hofs haben wir noch einige Wiesen, auf denen wir hauptsächlich Heu machen. Doch jetzt können die Ziegen diese Weiden abgrasen, damit sie im nächsten Jahr wieder von Neuem wachsen können.

Das Umherziehen mit den Ziegen macht mir sehr viel Spaß. Zu sehen, wer welche Vorlieben an Kräutern und Gräsern hat. Wie schnell sie von einem Ende zum anderen über eine Fläche grasen, weil oft selektiert wird. Ziegen sind Feinschmecker und fressen nur das Beste. Nach einiger Zeit haben alle einen dicken Bauch. Auf der linken Seite zeichnet sich der prall gefüllte Pansen ab. Dann ziehen wir wieder Richtung Stall, wo sich die Ziegen ins trockene Stroh legen können, um wiederzukäuen. Ein Tipp: Wenn man etwas vorhat und glaubt, vorher „mal eben kurz" mit den Ziegen umherziehen zu können, sollte man das besser nicht tun. Ziegen merken, wenn man in Eile ist. Da funktioniert dann gar nichts mehr. Die eine läuft hierhin, die anderen dorthin. Ein heilloses Durcheinander wird entstehen und selbst die Hunde bekommen die Ziegen nicht unter Kontrolle. Also gehe ich nur, wenn ich viel Zeit habe. So gibt es keine Zwischenfälle.

Ab diesem Zeitpunkt wird keine Ziege mehr gemolken, doch am Morgen und am Abend warten sie trotzdem an der Stalltür. Sie hoffen, dass diese aufgeht und sie auf den Melkstand können, um zu fressen.

Leider regnet es zurzeit viel, die Ziegen stehen im Stall, da sie nicht nass werden wollen. Ich versuche dann immer, ein, zwei Schubkarren Mist aus dem Stall zu holen, damit es nicht zu viel wird. Über die kalte Jahreszeit lassen wir immer etwas Mist als Polster und gegen die Kälte im Stall. Frisches Stroh kommt alle paar Tage hinzu. Dieses verteilen die Ziegen selbst. Es ist schön, dabei zuzusehen, wie sie sich auf die Strohballen werfen, sich hin und her wälzen und dabei so richtig übermütig sind, besonders an den Tagen, an denen sie nicht lange draußen waren, weil das Wetter aus Ziegensicht nicht gut genug war.

So vergeht auch der Oktober. Die Blätter werden bunter. Ich beobachte meine Ziegendamen genau, da der Bock nur noch etwa drei Wochen dabeibleiben soll. Ich passe also auf, ob die eine oder andere noch bockig wird, und auch, ob der Bock so langsam das Interesse verliert. Daran merken wir, dass sie tragend sind.

November

Die Tage sind kurz, sehr kalt und ungemütlich. Da wir viel im Freien arbeiten, sind wir abends froh, ins warme Haus zu kommen. Wenn es das Wetter zulässt, lassen wir unseren Mist auf die Wiesen fahren, die weiter vom Hof entfernt sind und auf denen wir nur Heu machen. So sind diese gut gedüngt und kommen nährstoffreich über den Winter. Da wir ökologisch wirtschaften, kommen kein Kunstdünger und keine Gülle auf unsere Flächen.

Zu dieser Zeit beginne ich schon in unserem Bekanntenkreis bei denjenigen, die Ziegen halten, zu fragen, ob sie einen Bock brauchen. Findet sich niemand, wird er sachgemäß geschlachtet und als Futter für unsere Hunde verarbeitet. Einen älteren Ziegenbock würden wir nicht essen, da das Fleisch genauso streng schmeckt, wie der Bock riecht.

An sehr kalten Tagen geben wir den Ziegen etwas warmes Wasser zum Trinken. Das mögen sie gern. Auch etwas Apfelessig gebe ich ins Trinkwasser. Er desinfiziert, enthält viel Kalium und die Ziegen wissen ihn zu schätzen. Das Essigwasser schmeckt und ist obendrein gesund. Einen neuen Mineralleckstein habe ich auch besorgt. Für Ziegen gibt es diese mit viel Kupfer. Doch Achtung! Sind Schafe in der Nähe, muss unbedingt vermieden werden, dass diese an den Leckstein herankommen. Schafe vertragen im Gegensatz zu Ziegen keine so hohe Menge an Kupfer.

Heute ist es so weit. Keine Ziege ist mehr bockig geworden. Nun sind wir ziemlich sicher, dass alle schwanger sind. Man kann selbstverständlich den Tierarzt kommen lassen, damit er das feststellt. Ich setze nach vielen Jahren Erfahrung auf meinen Instinkt und auf die Natur .

Der Kavalier verlässt die Herde. Wir konnten ihn zum Schluss noch gut unterbringen, so kann er seiner Lieblingstätigkeit weiter nachgehen.

Nachdem er ausgezogen ist, riechen die Damen nach ungefähr einer Woche nicht mehr so intensiv nach dem Bock. Und dann geht alles wieder seinen gewohnten Weg … Auch für das Schmusen findet sich wieder Zeit.

Für eine längere Zeit gibt es nur am Abend Futter, damit die, die vor der Trächtigkeit Milch gegeben haben, keine Milch mehr produzieren. Die Fütterung erfolgt auf dem Melkstand, ohne dass gemolken wird. Junge Ziegen sind dabei, die den Ablauf des Fütterns und des späteren Melkens noch nicht kennen. Das üben wir, bevor der Bauch richtig dick ist. Sie sollen es frühzeitig lernen, damit es später mit dem Melken stressfrei funktioniert. Dazu führe ich immer eine erfahrene und eine unerfahrene Ziege auf den Melkstand. Die junge schaut sich alles von der alten ab. Meist dauert es nur ein paar Tage, bis auch sie gern auf den Melkstand geht. Dann ist es, als wäre es immer so gewesen. Für den Fall, dass eine junge Ziege den Ablauf nicht verstehen sollte, ist mein Mann meistens dabei. Wir passen beide auf, locken sie mit Futter, sodass alles reibungslos verläuft.

Sobald die trocken gestellten Ziegen keine Milch mehr im Euter haben, füttere ich jeden Morgen und Abend auf dem Melkstand. Der Vorteil des kontrollierten Fütterns ist, dass ich sehe, ob sie gut fressen. Nach Bedarf kann ich einer mehr geben und keine stört beim Fressen die andere. Wenn sie den Melkstand verlassen, sollen sie den Abstieg ruhig vornehmen. Das erreiche ich mit einer Bestechung in Form einer Möhre oder getrockneten Banane. Die perfekten Lockmittel. Die erfahrenen Mädels gehen zum Abstieg des Melkstands und warten geduldig auf die leckere Belohnung und auf das Zurückführen in den Stall.

Es kommen schon mal Besucher, um beim Melken zuzuschauen. Sie sind immer total begeistert,

Line genießt jede Schmuseeinheit Foto © Sonja Trosky

Auf dem Weg zur Wiese. Hütehund Bruno kann nicht immer dabei sein. Foto © Sonja Trosky

wie cool die Ziegen damit umgehen, bei all dem ein Publikum zu haben.

Jeden Mittwoch kommt eine Freundin, um die Ziegen zu bürsten. Das ist wie eine Therapie. Die Ziegen stehen Schlange. Jede will als Erste gebürstet werden. Wenn ich auch etwas Zeit habe, striegeln wir um die Wette. Die Ziegen sind begeistert von solchen Bürstenpartys.

Jeden Tag bearbeite ich bei zwei, drei Ziegen die Klauen. In dieser Phase der Trächtigkeit ist es für die Mädels noch kein Problem, für kurze Zeit auf drei Beinen zu stehen. Fängt der Bauch aber erst mal richtig an zu wachsen, ist es doch mühselig, und die Hochschwangeren machen nicht mehr so gern mit.

Dezember

Der letzte Monat in diesem Jahr. Es ist Winter und im Stall gibt es immer noch Fliegen, weil es einfach nicht richtig kalt wird. Die Ziegen wissen auch nicht so recht, warum es so warm ist. Hoffentlich friert es bald, da es für die Natur wichtig ist. Gehe ich morgens in den Stall, freuen sich alle, mich zu sehen. Endlich gibt es wieder Müsli. Die Erstgebärenden stehen schon an der Tür. Jede will die Erste sein. Die Reihenfolge soll immer die gleiche sein. Deshalb muss ich aufpassen, dass sich keine durchmogelt. Alles schon passiert.

Neulich zum Beispiel ... Die Tür ging weiter auf, als sie sollte und ich wollte. Eine kleinere Ziegengruppe vor mir schoss unaufhaltsam auf mich zu und überrannte mich regelrecht. Wie ein Käfer lag ich auf dem Rücken und musste lachen. Zum Glück hat das nur mein Mann gesehen. Schnell machte er die Tür zu, damit nicht noch mehr Ziegen den Melkstand stürmten. Dieser war bereits wegen Überfüllung geschlossen. Einige hatten ihren Kopf schon im Futtereimer. Andere wollten auch da ran. Ein heilloses Durcheinander. So mussten wir zwei erst mal die Überzähligen dazu bringen, den Melkstand zu verlassen. An dem Tag lief alles nicht so ab wie sonst, doch alle haben letztlich ihre Futterration bekommen. Mit Ziegen gibt es also unerwartet viel Abwechslung. Auch wenn ich denke, alles im Blick und im Griff zu haben, finden meine Mädels immer wieder einen Weg, mich zu überraschen. Es sind so tolle Wesen. Jede auf ihre Art. Und wenn ich auch auf vieles verzichte, so weiß ich doch immer, wofür.

So gut wie jeden Tag fahre ich ein bis zwei Schubkarren Mist auf den Misthaufen, der inzwischen schon sehr hoch geworden ist. Es wird Zeit, dass der Mist auf die Wiesen gefahren wird. Leider macht mir das Wetter einen Strich durch die Rechnung. Der Trecker würde nach ein paarmal Hin-und-her-Fahren im weichen Boden die Wiesen ruinieren. Wenn der Winter kalt wird, werden wir den Mist bei gefrorenem Boden auf den Wiesen verteilen können. Ansonsten wird der Haufen immer höher.

Nun haben wir Weihnachten. Die Feiertage über genießen wir in netter Gesellschaft. Dann ist das Jahr zu Ende, und wir feiern Silvester zu Hause. Wie genießen es, etwas abgelegen zu wohnen. Man sollte meinen, hier „im Wald" wird um Mitternacht nicht rumgeknallt. Doch sogar hier werden Raketen abgeschossen. Das ist auch ein Grund, warum wir zu Hause bleiben. Damit wir die Tiere im Notfall beruhigen können. Durch das viele Heu und Stroh, das wir für die Tiere lagern, ist die Ballerei auch nicht ungefährlich. Wenn da eine Rakete reinfliegt, könnte im schlimmsten Fall ein Brand entstehen.

Januar

Das Beste am Januar: Wir bekommen für die Ziegen vom hiesigen Weihnachtsbaumverkäufer Tannenbäume, die nicht wie gewünscht gewachsen sind oder vor Weihnachten nicht verkauft wurden. Zehn Ziegen haben an einem Tag drei mittelgroße Bäume komplett abgenagt. Nun sind keine Nadeln, keine kleinen Äste und auch keine Rinde mehr an den Bäumen zu sehen. Die abgenagten Bäume sehen aus wie Kunstwerke, so ordentlich ist die Rinde abgenagt.

Die Ziegen werden immer dicker. Ihre Euter zeigen noch nichts Auffälliges. Stehen die Ziegen auf dem Melkstand, um zu fressen, ist es immer wieder schön, ihre Bäuche zu beobachten. Auch einfach nur die Hand auf den Bauch zu legen, ist aufregend. Mit etwas Glück bewegen sich die Kleinen. Das ist ein Erlebnis und ich stelle mir dann immer vor, was das wohl für ein Körperteil war, was ich ertastet habe: das Köpfchen oder ein Beinchen? Drücken sich die Kleinen seitlich an die Bauchdecke, kann man sogar die winzigen Rippchen fühlen.

Noch immer haben wir keinen Frost, es ist für diese Jahreszeit zu warm. Machen wir das Beste daraus; somit gehen die Ziegen und ich viel spazieren. Am Wald entlang, zu unseren Heuwiesen, da sie vom Hof aus mit allen Ziegen im Frühjahr nicht mehr so gut zu erreichen sind. Wir müssen an Feldern vorbei. Wer Ziegen kennt, der weiß, dass sie mit Freuden genau dorthin gehen, wohin sie nicht sollen. Auch ein Hund kann mir da nicht wirklich helfen; er kann zwei auf dem Weg halten, die es zum Feld zieht; dann sind aber schnell die Nächsten im Feld.

Deshalb ist jetzt die beste Zeit für gemeinsame Spaziergänge, da auf den Feldern noch nichts wächst. So können wir an Feldern vorbeiziehen, ohne dass die Ziegen auf bepflanzten Flächen rumspringen und dann auch noch einen Flurschaden anrichten.

Die Sache mit dem Mist versuche ich etwas zu minimieren. Wenn ich miste, fahre ich diesen mit der Schubkarre auf die Wiesen, wo die Ziegen die nächsten Monate sicher nicht hinkommen. Ich verteile ihn direkt, das ist recht anstrengend, doch auf diese Weise spare ich mir den Gang ins Fitnessstudio. Ja, es ist mühselig, doch wenn im Frühjahr das Gras zu sprießen beginnt, sehe ich, dass sich die Arbeit gelohnt hat. Auf einigen Flächen könnte auch kein Miststreuer fahren, zu viele Obstbäume stehen dort. Die modernen Traktoren und Landmaschinen werden immer größer und sind dadurch für so kleine Betriebe wie unseren überdimensioniert.

Überall bestens und feinsäuberlich abgenagte Tannenbäume. Foto © Sonja Trosky

Februar

Bei den Erstgebärenden kann man so langsam ein kleines Euter erkennen. Bei den Älteren sieht man noch nicht so viel, da bei ihnen die Haut am Gesäuge nicht mehr so straff ist. Alle trächtigen Ziegen haben zunehmend mehr Mühe, auf den Melkstand zu kommen. Auch das Laufen fällt im Allgemeinen immer schwerer, der Bauch ist bei einigen schon riesig. Jetzt kann man in etwa einschätzen, welche Ziege wie viele Lämmer in ihrem Bauch hat. Besonders für Erstgebärende ist es von Vorteil, wenn sie nicht nur ein Lamm gebären, denn bei Mehrlingsgeburten sind die Lämmer kleiner und leichter und die Geburt somit einfacher.

Täglich gibt es noch Tanne zu futtern, worüber sich die Mädels riesig freuen. Abwechslung in der Zeit, wenn noch kein frisches Gras wächst, ist immer positiv. Auch Möhren und Äpfel im Wechsel stehen als Mittagssnack auf der Karte. So geht es allen gut und die werdenden Mütter haben genug zu futtern.

Am Abend bemerke ich, dass Anneliese ein sehr pralles Euter bekommt, doch sie steigt noch auf den Melkstand und frisst. Ich vertraue ihr, dass es nicht in der Nacht losgeht, obwohl ja alles möglich ist. Nach einer ruhigen Nacht stehe ich um sieben Uhr im Stall. Anneliese ist gerade dabei, ein kleines Böckchen trocken zu lecken. Nach einem prüfenden Blick auf die beiden fange ich an, die anderen auf dem Melkstand zu füttern. Als ich die nächste Gruppe hole, legt sich Anneliese wieder hin. Sie fängt an zu pressen, und schwups!, ohne Komplikationen ist ein kleines Mädchen geboren. Alle drei sind wohlauf. Es ist so schön, wenn es klaglos läuft.

Am nächsten Morgen fällt mir auf, dass Frieda und Dicky auch ein pralles Gesäuge bekommen, also geht es wohl mit den beiden weiter. Bis zum Abend zieht es sich hin. Frieda lammt pünktlich zur Abendfütterung. Auch bei ihr sind es zwei, die sie ohne meine Unterstützung zur Welt bringt. Hella, eine junge Mutter, fängt jetzt auch an; sie legt sich hin, steht wieder auf und schaut nach. Sie weiß noch nicht so recht, was auf sie zukommt.

So um 20 Uhr geht es bei Dicky los. Ich bin sehr verwundert, als ich sehe, dass es bei einem Lämmchen bleibt. Dicky ist so dick gewesen, da hätten drei reinpassen können, wovon ich auch ausgegangen bin. Doch das Wichtigste ist, dass alle gesund

Anneliese mit einem ihrer Kleinen. Foto © Sonja Trosky

und munter sind. Hella ist wieder etwas ruhiger geworden, frisst Heu, und ich gehe ins Haus, um morgen früh wieder ausgeschlafen bei den Ziegen sein zu können.

In der Nacht, so um drei Uhr, werde ich wach, weil ich eine Ziege schreien höre. Ich habe extra das Fenster zur Stallseite hin aufgelassen, damit ich höre, wenn eine Ziege ruft, sollte es Probleme geben. Glück gehabt. Jetzt geht es bei Hella los; sie hat es schwer, und ich unterstütze sie, so gut ich kann. Es sind Zwillinge, doch sie will sich nicht so recht um sie kümmern. Anneliese kommt neugierig zu den eben geborenen Lämmchen und möchte die beiden tatsächlich gleich adoptieren. Also stelle ich Hella separat mit ihren Kleinen, damit sie sich an ihre Kinder gewöhnen kann. Ich habe beiden Neugeborenen noch zu einem Schluck Milch verholfen und gehe mit gutem Gefühl wieder ins Bett, da die Nacht gleich wieder vorbei ist.

Ein paar Tage später hat Heidi ihr erstes Lamm geboren. Ich habe sie etwas beim Pressen unterstützt, da es ein dickes Lamm ist. Sie kümmert sich vorbildlich um dieses kleine Einzelkind; hier gab es mal keine Zwillinge.

Das Wochenende verlief erfolgreich. Nichts Aufregendes ist passiert. Zur Morgenfütterung möchte Feli nicht zum Fressen kommen. Als ich nachsehe, bemerke ich, dass sie gleich ihre Lämmer bekommt. Sie lammt das zweite Mal, ist also eine bereits erfahrene Mutter. Alles geht gut, das erste Lamm ist da. Das zweite auch, ohne große Pause. Sie kümmert sich bestens um die zwei Lämmchen. Dann fängt sie wieder an zu drücken. Ich sehe nach, ob es schon die Nachgeburt ist. Nein, es ist ein drittes Lamm, das sich in die Welt kämpft. Feli leckt alle trocken, doch bei dreien ist das viel Arbeit. Ich bin ihr behilflich, da es kalt ist. Mit einem Handtuch rubble ich alle drei ab, auch um den Kreislauf in Schwung zu bringen. Das Beste an den drei Kleinen: Sie sind putzmunter und trinken ohne Mühe, als sie endlich stehen können.

Am nächsten Tag bemerke ich, dass Feli sich um eins ihrer Drillinge nicht so vorbildlich kümmert. Mehrmals täglich halte ich sie fest, damit die Kleine trinken kann, denn Feli lässt ihre Tochter nicht richtig ans Euter.

Immer wieder nehmen Ziege und Lamm Kontakt auf. Foto © Sonja Trosky

März

Am ersten März geht es gleich am Morgen beim Füttern mit einer Geburt los. Jetzt ist Hara so weit, sie lammt auch das erste Mal. Sie macht das wie eine erfahrene Mutter, einfach perfekt.

Das Kleine von Dicky ist lahm, man kann nichts fühlen oder sehen, woran es liegt. Nach ein paar weiteren Tagen, ohne dass sich eine Besserung einstellt, fahren wir zum Tierarzt und lassen die Kleine röntgen. Äußerlich ist nichts zu sehen, es ist nichts gebrochen, das Hüftgelenk ist normal entwickelt, also alles ohne Befund. Doch sie läuft von Tag zu Tag schlechter. Sie tut mir sehr leid, wenn ich sehe, wie sie hinter ihrer Mutter herhinkt.

Fünf Tage vergehen, bis Hannah am Vormittag auch zwei Kleine bekommt. Alles verläuft bei ihr ohne Probleme. Sie ist richtig stolz, so als Mutter.

Dicky ist eine stolze Mutter. Foto © Sonja Trosky

Zur Abendfütterung bekommt endlich die Chefin Line ebenfalls Drillinge, was mich nicht begeistert. Eine Ziege hat nur zwei Zitzen, bei drei Kindern streiten sie sich, wer zuerst und wie lange trinken darf. Solange sie noch so klein sind, passiert der Mutter nichts; sind die Kinder größer, versuchen sie mit Beißen die Zitze für sich festzuhalten. Dann kann es sein, dass die Lämmer früher von der Mutter abgesetzt werden müssen, was ich nicht möchte. Doch Line hat die Geburt gemeistert, wie aus dem Bilderbuch.

Die Nächste ist Carmen, doch zieht es sich, und als sie endlich anfängt zu pressen, geht es dennoch nicht weiter. Mein Mann hält Carmen fest, ich sehe nach, warum es nicht klappt. Das erste Lamm liegt vor dem Beckenring und kam nicht weiter. Vorsichtig dringe ich mit einer Hand zu dem Lamm vor, eigentlich sollten Beine oder ein Köpfchen zu fühlen sein. So mache ich mich unterhalb des Lamms auf die Suche nach Beinchen und kann beide vorsichtig nach vorn bewegen. Beim Tasten war klar: Das sind Vorderbeine, nur wo ist der Kopf? So kommt das Lamm nicht raus. Der Kopf liegt unter seiner Brust, zwischen den Vorderbeinen, also blieb mir nur, auch ihn vorsichtig nach vorn zu holen. Carmen macht die Prozedur mit, sie bleibt ganz ruhig. Als dann alles so ist, wie es sollte, ziehe ich langsam etwas Richtung Ausgang und Carmen fängt sofort an zu pressen. Endlich ist das erste Kleine draußen, es lebt. Wir legen es vor sie hin, da sie liegen bleibt. Gleich beginnt Carmen, ihr Neugeborenes trocken zu lecken. Nach einer kleinen Verschnaufpause fängt sie erneut an zu pressen, zwei Beine kommen zum Vorschein. Sofort ist mir klar: Das sind Hinterbeine, jetzt muss es schnell gehen. Mit einer großen Presswehe haben wir es gemeinsam geschafft. Doch bevor ich das zweite zur Mutter nach vorn legen kann, ist ein Drittes zu sehen. Zwei Füßchen, darauf die Nase liegend – ich unterstütze Carmen, da die Geburt sehr anstrengend ist. Endlich liegen drei Kleine vor Carmen, sie sorgt sich rührend um alle drei. Nun steht auch Carmen auf, man sieht ihr die schwere Geburt an, doch sie steht und kann ohne Probleme gehen.

Bis zu diesem Zeitpunkt hatten wir schon so viele Geburten erlebt, aber noch nie musste ich so stark eingreifen. Meine Eltern und auch mein Onkel hatten immer Schafe, da habe ich des Öfteren bei den schweren Geburten geholfen.

Einen Tag später bekommt Holly ihre Lämmer; sie meistert ihre erste Geburt ohne Unterstützung.

An diesem Abend geht es dem Lamm von Dicky immer schlechter, es kann nicht mal mehr in Brustlage liegen, es fällt auf die Seite. Wir müssen die Kleine erlösen, lassen dann das tote Lamm bis zum nächsten Tag im Stall bei der Mutter, damit sie ihr Lamm nicht sucht. Irgendwann wird sie sich von allein von ihm abwenden, wenn sie merkt, dass es nicht mehr lebt. So traurig es auch ist, es ist wichtig, dass sich eine Ziege von ihrem toten Lamm verabschieden kann.

Herta ist nun die einzige noch schwangere Ziege. An einem sonnigen Vormittag sind alle auf der Wiese, und dann geht es endlich auch bei Herta los. Sie hat sich eine Stelle ausgesucht, wo es schön sonnig ist. Nach ein paar Minuten sehe ich, dass drei Beinchen rausgucken. Selbst bei Mehrlingsgeburten ist das sehr untypisch. Schnell entscheide ich, welches Bein zu viel ist, und schiebe es vorsichtig zurück. Zum Glück war es das richtige Beinchen, und bald ist das erste Lämmchen da. Ohne Pause auch das zweite, welches ohnehin schon überholen wollte. Allen dreien geht es ausgezeichnet, sie sind gesund und munter.

April

Endlich haben alle Ziegen ihre Lämmer, ich bin darüber froh. Ich nehme nun die Milch von drei Melkzeiten und mache wieder mal Frischkäse. Darauf habe ich mich in der melkfreien Zeit gefreut, obwohl die Pause auch gutgetan hat. Je älter die Lämmer werden, desto weniger Milch bleibt übrig, zumindest bei denen, die Zwillinge haben. Die mit Drillingen melke ich gar nicht, die stehen nur zum Fressen auf dem Melkstand.

Das Wetter ist schön, das Gras wächst, und alle sind tagsüber in der Wiese, um sich die besten Gräser und Kräuter zu suchen. Beim Wiederkäuen schauen sie dem Nachwuchs beim Spielen zu. Ich muss aufpassen, dass ich meine täglichen Aufga-

Übermut und Lebensfreude machen schon beim Zusehen Vergnügen. Fotos © Sonja Trosky

Ich bin schnell wie der Wind. Foto © Sonja Trosky

ben geschafft bekomme. Bin ich an der Wiese, wenn die Kleinen spielen und toben, kann ich nicht widerstehen, dem Treiben zuzusehen. Da vergisst man leicht die Welt um sich herum.

Mai

Endlich Mai, der Monat ist für mich immer der Anfang für Sonne, Sommer, laue Abende, wenn man nur noch draußen sein möchte. Der Sonnenaufgang morgens beim Melken ist ein Vergnügen. Da fällt mir das frühe Aufstehen nicht schwer.

Bei zwei Ziegen sehe ich Verletzungen an der Zitze. Ja, das sind die mit Drillingen, diese wollen immer alle zusammen trinken. Schon gibt es Streit: Wer darf am meisten trinken? Und dann halten sich die Kleinen mit den Zähnen am Strich fest, das ist gar nicht gut.

Ein paar Tage später entscheide ich mich, jeweils ein Lamm von den Drillingen abzusetzen, damit die Wunden wieder heilen können. Noch ist eigentlich nicht die Zeit, doch muss ich die Mütter schützen. Gedacht, getan. Eine separate Box ohne Sichtkontakt zur Herde habe ich mit Stroh eingestreut. Die Größten von den Drillingen habe ich dann in die Box gestellt. Es ist immer besser, wenn nicht nur zwei Kleine allein

Man vergisst alles um sich herum. So schön und intensiv ist es, alles zu beobachten. Foto © Sonja Trosky

Ipünktchen will hoch hinaus. Auch windschiefe Bäume werden schnell erobert. Foto © Sonja Trosky

sind. Also kommen noch zwei Jungs dazu von Müttern, die nicht so kräftig sind. So haben alle Mütter wenigstens noch ein Lamm bei sich. Die Milch, die jetzt übrig ist, bekommen die Kleinen per Flasche gereicht. Drei der Kleinen haben es sofort begriffen: Endlich Milch, die auch noch gebracht wird. Der Vierte will nicht aus der Nu ckelflasche trinken, doch er braucht unbedingt auch noch Milch. So probiere ich es mit einer Schüssel, da ich sonst keine andere Idee habe. Man glaubt es kaum, er trinkt alles blitzschnell aus. Da bin ich froh. Drei Mal am Tag bekommen die Jungs Milch, auch Heu und Kraftfutter. Nun bin ich die Mutter. Es ist eine Herausforderung, vier Lämmern zur gleichen Zeit Milch zu geben, doch mein Mann kommt meistens mit. So hat jeder zwei Lämmer, das ist entspannter.

Das Gras wächst rasch. Bleibt es weiter so schön sonnig, können wir Heu machen. Ende des Monats ist es dann endlich so weit, die Wiesen sind alle geschnitten. Wir machen Heu von unseren Wiesen mithilfe eines Lohnunternehmers. Unser Trecker hat einen Balkenmäher mit anderthalb Metern Schnittbreite, wir wären zwei Tage nur mit dem Schneiden beschäftigt. Dazu kommt auch noch das Wenden, bis das Gras trocken ist, und im Anschluss wird es in große Rundballen gepresst. Deswegen lassen wir es von Profis machen, denn die besitzen große und moderne Maschinen, womit es schneller und einfacher geht.

Die Ziegen liegen zufrieden in der Wiese, käuen wieder oder dösen, während die Kleinen rumtoben oder auf Bäume klettern.

Es ist immer wieder interessant, das Treiben zu beobachten, und schön ist es zu sehen, wie sich die Lämmer entwickeln. Die vier in der Jungen-WG kommen richtig gut zurecht, sie spielen draußen Fangen oder kämpfen einer mit dem anderen.

Cyrielle hilft gerne beim „Abstützen", damit Ipünktchen an tieferhängende Äste gelangt. Foto © Sonja Trosky

Angeführt von Cyrielle geht es raus auf die Wiese. Foto © Sonja Trosky

Juni

Diesen Monat bekommen wir über Freunde einen Feriengast. Die elfjährige Cyrielle ist sehr tierlieb und möchte uns bei der täglichen Arbeit mit den Tieren helfen. Mit Erfolg.
Ich war wirklich überrascht, wie schnell sie die wichtigsten Handgriffe beherrschte und sie für mich tatsächlich eine Entlastung war. An ihrem dritten Tag konnte sie sämtliche Ziegen bei ihren Namen nennen und hat auch schon mit einer verblüffenden Selbstverständlichkeit gemolken. Geradezu so, als hätte sie zeit ihres Lebens nichts anderes gemacht.

Da sie so flott mit allem war und auch so wissbegierig, wollte sie immer gefordert werden. Ständig prasselte die Frage „Und was machen wir jetzt?" auf mich ein.

In diesem Monat haben wir den kleinen Ziegen beigebracht, mit uns spazieren zu gehen, natürlich an der Leine. Zusammen mit einer erfahrenen Ziege haben wir ein oder zwei Jungtiere mitgenommen. Nach anfänglichen Schwierigkeiten hat sich alles ins Positive gewendet.

Juli

Eigentlich Sommer … Ja, es ist warm, doch es regnet und regnet und regnet. Der Sommer sollte eigentlich auch dazu dienen, um die Psyche aufzutanken. Allerdings ist das Wetter so wie im Herbst, nur die Temperatur passt nicht dazu. Die Bäume brauchen Wasser, die Natur freut sich, daher macht es mir nichts aus. Leider kann ich die Ziegen nicht in die anderen saftig grünen Wiesen

Hier kann man sich gut verstecken. Hallo? Wo seid ihr? Foto © Sonja Trosky

bringen, da es noch immer regnet und die wasserscheuen Zickies bei einer Regendusche geneigt sind, die Standfestigkeit der Zäune zu testen. Da erlaube ich ihnen lieber, im Stall zu bleiben. Davor sprießt das Grün auch, nur möchten die Ziegen bei dem Wetter eben nicht nach draußen.

Entweder stehen sie unter dem Dach oder meckern unzufrieden rum. Da muss ich nun öfter für positive Stimmung sorgen. Mit Bürsten von hart bis weich „bewaffnet" gehe ich in den Stall zur Striegel-Streichel-Aktion. Heimlich fange ich bei Anneliese an. Sie macht sich lang und genießt es. Doch ehe sie es so richtig auskosten kann, hat Line es bemerkt. Sie als Chefin ist schnell da und steht schon neben mir, macht mit einem Stupser klar: „Zuerst mal bin ich dran."

Das könnte immer so weitergehen, und alle kommen mit einer Bürstenmassage auf ihre Kosten. Auch ich bin zufrieden, wenn ich sehe, wie leicht man seine Ziegen glücklich machen kann. Mittwochs ist sowieso Bürstentag, aber auch sonst freuen sich alle über ein glattes schönes Fell.

Das Käsegeschäft läuft etwas schleppend, da noch Schulferien sind. Deswegen mache ich mehr festen Käse, da der länger gelagert werden kann. Ich sammle Milch im Kühltank. Sobald ich eine größere Menge zusammenhabe, mache ich daraus Käse. Die Zeit, die es dauert, um einen festen Käselaib herzustellen, ist immer die gleiche, egal ob man 50 oder 500 Liter hat. Das Erwärmen der Milch nimmt etwas mehr Zeit in Anspruch, wenn man eine größere Menge hat, doch die Arbeitsschritte sind die gleichen. Sobald der Käse nach ein paar Stunden des Pressens schließlich aus der Form kommt, fange ich mit dem Trockensalzen an. Das mache ich drei Tage lang, dann kann er reifen.

Langeweile kenne ich nicht. Morgens um 6 Uhr und am Abend um 18 Uhr wird immer gemolken, eben im 12-Stunden-Takt. Noch melke ich ausschließlich mit der Hand, da die Lämmer noch bei den Muttis sind und die Ausbeute nicht so groß ist. Da lohnt der Einsatz der Melkmaschine nicht. Oft frage ich mich, wie manche Leute 35 oder mehr Ziegen mit der Hand melken können. Womöglich haben sie schon in frühen Jahren angefangen. Je jünger man ist, umso besser, so können sich die Bänder und Sehnen früh daran gewöhnen. Wie bei der kleinen Cyrielle, die bei uns war. Sie hat es so schnell rausgehabt mit dem Melken, ruck, zuck! hatte sie eine Ziege leer gemolken.

August

Nachdem uns der Juli dann doch ein paar sonnige Tage beschert hatte, fällt der August wieder buchstäblich ins Wasser. Der zweite Heuschnitt klappt nicht, weil es zu feucht ist. Dass jetzt noch sehr warme und sonnige Wochen zu erwarten sind, ist eher unwahrscheinlich. Für mich bedeutet das, dass ich zwingend Heu dazukaufen muss. Statt auf das eigene Heu zurückgreifen zu können, stellt nun ein Bekannter seine Schafe auf die Heuwiesen, damit das hohe Gras von ihnen abgefressen wird. So kann sich im folgenden Frühjahr das neue Gras gut entwickeln und eine ideale Grundlage für erstklassiges Heu bieten. Mein stetig wachsender Misthaufen könnte dann sogar auf die abgegrasten Flächen verbracht werden. Aber auch hierfür muss das Wetter mitspielen.

Während im August alles seinen gewohnten Gang geht, werden zusätzlich kleine Hoffeste mit Musik und Käse-Kostproben organisiert. Die auf großen Zuspruch stoßenden Verkostungen lösen in mir wieder Freude und Lust darauf aus, neue Käsesorten auszuprobieren und sie später in meinem Hofladen anzubieten.

Kräuterfrischkäse Foto © Sonja Trosky

GESCHICHTEN AUS DEM ZIEGENALLTAG

Foto © Veronica Li/Shutterstock.com

Anneliese kann Gedanken lesen

Morgens beim Melken sehe ich, dass die Ziege Frieda ihr Halsband verloren hat. Meine Suche beginnt im Stall und endet ohne Erfolg in der Wiese. Ich erzähle meinem Mann von dem verlorenen Halsband und bitte ihn, bei den Ziegen danach Ausschau zu halten. Aber auch er bleibt erfolglos.

Ein paar Tage vergehen, und ich starte erneut meine Fahndung. Ich gehe in den Stall. Abermals laufe ich suchend quer durchs Stroh. Zu diesem Zeitpunkt halten sich alle Ziegen draußen auf. Somit habe ich freie Bahn und es ist niemand da, der mich von meinem Vorhaben abhalten kann.

Trotz der günstigen Gelegenheit, einen leeren Stall durchforsten zu können, führt es auch dieses Mal zu keinem Ergebnis. Irgendwie merkwürdig. Schließlich handelt es sich um ein breites dunkles Lederhalsband, das man in dem hellen Stroh eigentlich entdecken müsste. Es ist wie verhext.

In meiner „Verzweiflung" will ich hinaus auf die Wiese, um dort meine Suche fortzusetzen. Aber so weit komme ich gar nicht, da mir alle meine Mädels entgegenkommen und gekrault, geknuddelt und beachtet werden wollen. Jede, die sich ankuschelt, bekommt Streicheleinheiten und ein paar nette Worte. Als sich dann langsam alle in den Stall zurückziehen, bemerke ich, dass Ziege Anneliese nicht dabei ist. Sie steht noch in der Wiese. Dort, wo ein paar Äste zum Knabbern liegen. Mit fragendem Blick gehe ich langsam auf sie zu und fange an, mit ihr zu sprechen: ,,Kleine Anneliese, warum bist du nicht bei den anderen? Ganz allein stehst du hier draußen." Ich schaue zu ihr und kann nicht genau erkennen, was sie im Maul hat. Einen Ast oder … Nein! Es ist das gesuchte Halsband, das sie stolz präsentiert. Laut rufe ich meinen Mann: „Schnell, komm mal gucken! Es ist unglaublich!" Seit Tagen sind wir auf der Suche nach diesem Halsband und keiner hat es gefunden. Und jetzt das. Ich bin beeindruckt von meiner lieben Anneliese und freue mich riesig.

Frieda hat mittlerweile ein anderes Halsband bekommen, da sie das erste noch einmal verloren hat. Diesmal habe ich es aber sofort im Stall entdeckt.

Lisa muss erlöst werden

Die älteste Ziege ist Lisa, sie stammt von Uschi ab, die erste Ziege, die wir uns angeschafft hatten. Wir haben uns entschieden, dass sie bis zu ihrem natürlichen Tod, sofern sie gesund ist, bei uns bleiben soll.

Als der Bock in die Herde kommt, muss Lisa leider separat neben der Herde verbleiben, damit sie in ihrem Alter nicht gedeckt und schwanger wird. Nach zwei Monaten kann sie wieder in die Herde zurück.

Im Dezember haben wir von einem Bekannten einen Ziegenbock bekommen, der nicht allein bleiben wollte. So haben wir ihn in die Herde gelassen. Allerdings mit einer Deckschürze, die ihn daran hindert, Ziegen zu schwängern. Ich vermutete da auch kein Problem, da sowieso alle Ziegen bis auf Lisa tragend waren. Im Februar kamen dann die ersten Lämmer, das ist immer eine wunderschöne Zeit. Im Mai haben wir angefangen, die Bocklämmer aus der Gruppe zu nehmen, die jetzt mit dem Bock Sir Henry, der mit Schürze in der Herde unterwegs war, in einer Männer-WG leben. Mitte Mai sehe ich, dass es Lisa nicht gut geht. Sie möchte nicht fressen, legt sich immer wieder hin. Ich mache mir Sorgen, was ihr wohl fehlt. Da merke ich, sie ist tragend, doch stimmt da was nicht. Ich bin unglücklich, dass ich es nicht bemerkt habe. Sie sollte doch gar nicht tragend werden.

Sofort informiere ich den Tierarzt, der eine halbe Stunde später eintrifft. Nach einer gründlichen Untersuchung steht fest, dass das Lamm in Lisas

Bauch nicht mehr lebt. Ohne Wehen bekommt man das Lamm aber nicht heraus. Also wird erst einmal ein leichtes Mittel gespritzt, das die Geburt in Gang bringen soll. Bis zum nächsten Tag haben wir gewartet, aber es passierte nichts. Wieder kam der Tierarzt, leitete die Geburt ein. Langsam haben wir uns an das Lamm herangetastet. Man konnte kein Beinchen fühlen, es lag sehr ungünstig. Der Tierarzt klärte mich über einen Kaiserschnitt auf, sagte mir auch, dass die Aussichten auf einen guten Ausgang bei einer so alten Ziege nicht günstig sind, zumal wir nicht wissen, wie lange das Lamm im Bauch schon tot ist. Wir versuchten noch mal mit vereinten Kräften, das Lamm herauszubekommen. Lisa legte ihren Kopf in meine Hände, sie hat so toll mitgemacht, man musste sie nicht mal festhalten. Aber der Kampf war aussichtslos.

Am Ende des Tages haben mein Mann und ich Lisa erlöst. In gewohnter Umgebung sind wir bis zum letzten Atemzug bei ihr geblieben. Lisa sollte bei uns alt werden, sie wurde immerhin stolze dreizehn Jahre alt.

Ein „Absacker" zum Feierabend

Ziege Line ist mit ihren derweil zwölf Jahren immer noch unangefochtene Chefin der Herde. Und als solche hat sie den ganzen Tag damit zu tun, den Überblick nicht zu verlieren und die eine oder andere Ziege zur Ordnung zu rufen. Das ist kein leichter Job. Wie andere Manager auch, die nach getaner Arbeit gern etwas für ihre Entspannung tun, genießt es Line, abends ein bisschen Zeit für sich zu haben. Anstatt nach dem Melken den Stall aufzusuchen, zieht sie es oft vor, auf dem Grundstück einen kleinen Spaziergang zu unternehmen. Ungeachtet der Tatsache, dass ihre Kinder nach ihr rufen oder anderes Gemecker aus dem Stall zu vernehmen ist, dreht sie unbeirrt ihre Runden. Was für einen Manager ein Whisky oder Cognac, ist für die Antialkoholikerin Line ein Sträußchen Brennnesseln. Diese wirken ähnlich wie ein scharfer Schnaps, wenn sie anschließend einen Schluck Wasser trinkt. Ein Schlückchen in Ehren ... Brrrr, brennt das in der Kehle! Brennnesseln wirken mit ihrem Histamin sogar wie ein Aperitif. Sie regen die Verdauungstätigkeit an und senken den Blutdruck. So kommt man zur Ruhe und ist gewappnet für die Herausforderungen des nächsten Tages.

Was haben Ziegen mit Piranhas gemeinsam?

Auf den ersten Blick nichts. Dennoch kann die mit einem Augenzwinkern gestellte und absurd klingende Frage bejaht werden. Und zwar immer dann, wenn es um Akribie und Schnelligkeit geht. In Windeseile verwandelt sich in Gegenwart der Ziegen ein zuvor grüner Tannenbaum in ein hölzernes Skelett, an dem kein Fitzelchen Grün zurückbleibt. Stattdessen eine makellos glatte und helle Oberfläche des Holzes. Selbst an schwierig zugänglichen Stellen, wie den Übergängen vom Baumstamm zu den Zweigen. Es ist erstaunlich, wie fein Ziegen unterscheiden können, was sie fressen möchten und was nicht: Nur das Holz bleibt zurück. In Gemeinschaftsarbeit knabbern sie rasend schnell und ohne Unterlass als Erstes die Tannennadeln ab, um sich dann mit Sorgfalt dem Abschälen der Rinde zu widmen. Selbst die kleinen Ziegen sind emsig dabei und versuchen sich zwischen den Erwachsenen zu behaupten. Ist das Werk vollendet, kann das Baumskelett als Ausgangsmaterial für Skulpturen oder Gebrauchsgegenstände dienen. Der Fantasie für eine weitergehende Bearbeitung durch Menschenhand sind keine Grenzen gesetzt.

Für die Ziegen handelt es sich vorwiegend um eine ideale und willkommene Wintersaisonarbeit, wenn mir aus Anbaugebieten überschüssig geschlagene oder krumm gewachsene Weihnachtsbäume zur Verfügung gestellt werden. Dieser Tatsachenbericht verdeutlicht noch einmal, wie wichtig es ist, auf dem Grundstück befindliche und den Ziegen zugängliche Bäume zu schützen. Ziegen sind halt doch in gewisser Weise Piranhas.

Geschichte mit Happy End

Ein Drehbuch für einen Film hätte nicht spannender sein können. Wie nah Tragik und Glück beieinanderliegen können, verdeutlicht folgende Geschichte.

In den Hauptrollen die Ziegen Feli und Dicky. Auf der einen Seite ist Feli, die Drillinge zur Welt gebracht hat. Auf der anderen Seite Dicky, die lediglich ein Ziegenmädchen geboren hat. Während sich Dicky lehrbuchmäßig um ihre kleine Tochter kümmert, sie beschützt und zu jeder Zeit trinken lässt, legt Feli ein ganz anderes Verhalten an den Tag. Von ihrem geborenen Drillingsnachwuchs erlaubt sie es nur den beiden Söhnen, bei ihr zu trinken.

Die kleine Tochter wird verstoßen. Jedes Mal, wenn die sich in Richtung Euter der Mutter bewegt, wird sie unwirsch zur Seite geschubst oder die Mutter geht einfach weg.

Natürlich habe ich versucht einzugreifen und Feli davon zu überzeugen, dass sie sich als gute Mutter um ihren gesamten Nachwuchs zu kümmern hat. Aber vergeblich. Es war so traurig zu beobachten, wie die Kleine es immer wieder aufs Neue versucht hat und stets gescheitert ist. Damit sie dennoch zu Kräften kommen konnte, habe ich Feli, die Ziegenmutter, mehrmals am Tag festgehalten, damit ihre Tochter trinken konnte und somit auch ihre Milch bekam.

So vergingen die ersten Tage und Wochen nach der Geburt, ohne dass sich Felis Verhalten änderte. Täglich hielt ich auch Dicky fest, da sie nur ein Lamm und sehr viel Milch hatte. So konnte die Kleine von Feli auch dort zusätzliche Milch trinken. Sobald ich den Stall betrat, kam die Kleine angeschossen, damit ich ihre Milchquellen festhalte. So bekam sie meinerseits viel Aufmerksamkeit und wegen der Pünktchen in ihrer Fellzeichnung auch schnell einen Namen: i-Pünktchen.

Dann passierte noch etwas Trauriges. Die von Dicky lieb umsorgte Tochter verstarb plötzlich. Eines Morgens lag sie reglos im Stroh.

Bei aller Tragik sah ich doch eine Chance für i-Pünktchen. Sollte es möglich sein, dass Dicky die Kleine anstelle ihrer eigenen Tochter annimmt? Die herrschende Meinung sagt Nein. Ziegenmütter würden es bis auf sehr wenige Ausnahmen nicht tolerieren, fremde Lämmer bei sich trinken zu lassen. Trotzdem habe ich es versucht. Zunächst immer wieder gegen den Widerstand von Dicky. Anfänglich muss ich sie richtig festhalten, damit die Kleine ein paar Schlückchen trinken kann. Mehrmals am Tag wird die Prozedur wiederholt. Und plötzlich geschieht ein Wunder. Ich merke, dass Dickys Gegenwehr sukzessive nachlässt. Um es kurz zu machen: Dicky und i-Pünktchen, die Verstoßene, sind mittlerweile ein Herz und eine Seele. Eines Morgens komme ich in den Stall, da liegen die zwei nebeneinander im Stroh. Als beide aufstehen, trinkt i-Pünktchen, ohne dass ich Dicky festhalten muss. Ich bin zutiefst beeindruckt von Dickys Verhaltensweise, habe ihr auch immer wieder gesagt: „Nimm die Kleine an, sie hat Hörner und wird dich, wenn du sie annimmst, immer beschützen." Welch glücklicher Ausgang!

Foto © Janine Hegendorf

Foto © Carsten Erxleben

Fotos © Janine Hegendorf

Foto © Sonja Trosky

BEZUGSQUELLEN UND ANDERE HILFREICHE LINKS

Meldeportale für Ziegen in ...

https://www.hi-tier.de/

https://vis.statistik.at/

https://www.blw.admin.ch

Bezugsquellen für Ohrmarken für Ziegen in ...

https://www.caisley.de/

https://www.allflex.global/

Käsereibedarf ...

Bunte Kuh – Käsereibedarf
Hinterdorfstraße18, 36154 Hosenfeld-Hainzell
https://kaesereibedarf.de/

Käsereiberatung & Service F. Jürgensen OHG
Huskoppel 5
21376 Salzhausen
https://www.shop-kaesereibedarf.de

Foto © Sonja Trosky

DANKE

Dass ich einmal ein Buch schreiben würde, hätte ich niemals gedacht. Meine Ziegen sicherlich auch nicht. Aber ohne meine Mädels wäre niemals ein Verlag auf mich aufmerksam geworden. Das Team des Cadmos-Verlags war inspiriert von dem Fernsehbeitrag LAND & lecker, bei dem ich zusammen mit meinen Ziegen mitgewirkt habe. Ich war zunächst unsicher, als mich der Verlag fragte, ob ich nicht aus meinem Ziegenalltag berichten wolle mit allem Wissenswerten rund um Ziegen. Und das sollte alles in ein Buch passen.

In diesem Zusammenhang möchte ich mich herzlich bedanken bei Brigitte Schweinegger, der Geschäftsführerin des Verlags. Ohne ihre liebenswerte und beharrliche Art wäre dieses Buch nicht zustande gekommen. Meine Ziegendamen, meine Familie und Freunde haben mich ermutigt, vorliegendes Buch zu verfassen. Allen gilt mein ausdrücklicher Dank. Wie oft wurde das Licht im Stall abends ausgeschaltet, ohne dass die Ziegen die sonst üblichen Gute-Nacht-Streicheleinheiten bekommen haben, weil ich an Texten gefeilt habe? Wie oft ist mein Mann mit den Hunden spazieren gegangen und hat mir mein schlechtes Gewissen genommen, da ich an Schreibtagen zu wenig Zeit für sie hatte? Wie oft hat mir mein Mann ein leckeres Essen vorgesetzt, während ich gedankenversunken am Laptop saß und geschrieben habe? Das Ganze mit meiner Zweifingertechnik. Ein weiterer Dank geht an Tina Reich, die mich mit ihrem Zehnfingeranschlag und vielen guten Ideen unterstützt und damit gewährleistet hat, dass das Buch fristgemäß fertig wurde. Bei Tee und Keksen haben wir beide in dieser Zeit mindestens fünf Kilogramm zugenommen.

Dieses Buch wäre bei Weitem nicht so facettenreich und stimmungsvoll ohne die wunderschönen Bilder von Fotografenmeisterin Sonja Trosky. Auch ihr möchte ich herzlich danken.

Nicht unerwähnt bleiben darf meine Lektorin Barbara Meister, die mich durch ihre anfänglichen kritischen Anmerkungen zunächst etwas verunsichert hat, mir aber später durch ihren Zuspruch Mut gemacht hat, weiterzuschreiben. Lieben Dank hierfür.

Und mit einem Augenzwinkern möchte ich mich zuletzt bei mir selbst bedanken, dass ich es tatsächlich geschafft habe, dieses Buch fertigzustellen. Daran ist auch mein Sohn Jan nicht ganz unschuldig. Er hat mich oft ermutigt weiterzumachen, wenn mich der Mut verlassen hat. Danke, Jan!